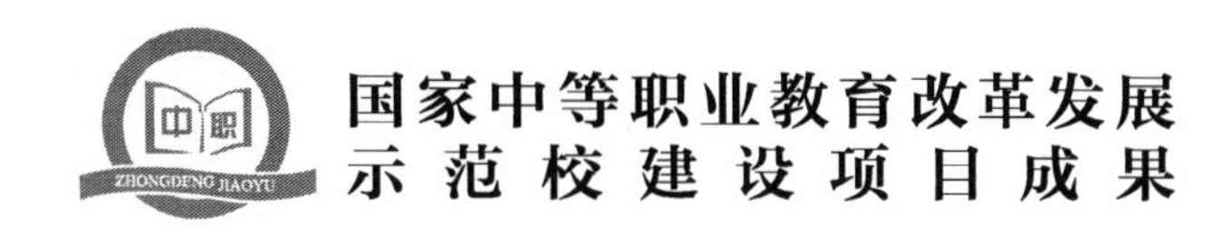


国家中等职业教育改革发展
示范校建设项目成果

# 模拟电子技术

moni dianzi jishu

主　编　黄悦好
副主编　郭雄艺
参　编　郑洁平　何可宁　周明君　田志晓

知识产权出版社
全国百佳图书出版单位

责任编辑：石陇辉　　　　　　　　责任校对：韩秀天
文字编辑：张　冰　　　　　　　　责任出版：卢运霞
封面设计：刘　伟

**图书在版编目（CIP）数据**

模拟电子技术/黄悦好主编．—北京：知识产权出版社，2014.1
国家中等职业教育改革发展示范校建设项目成果
ISBN 978-7-5130-2199-9

Ⅰ.①模…　Ⅱ.①黄…　Ⅲ.①模拟电路—电子技术—中等专业学校—教材　Ⅳ.①TN710

中国版本图书馆CIP数据核字（2013）第176492号

国家中等职业教育改革发展示范校建设项目成果
**模拟电子技术**
黄悦好　主编

---

**出版发行：知识产权出版社**
**社　　址：**北京市海淀区马甸南村1号　　**邮　　编：**100088
**网　　址：**http://www.ipph.cn　　**邮　　箱：**bjb@cnipr.com
**发行电话：**010－82000860转8101/8102　　**传　　真：**010－82005070/82000893
**责编电话：**010－82000860转8175　　**责编邮箱：**shilonghui@cnipr.com
**印　　刷：**北京中献拓方科技发展有限公司　　**经　　销：**新华书店及相关销售网点
**开　　本：**787mm×1092mm　1/16　　**印　　张：**5.75
**版　　次：**2014年1月第1版　　**印　　次：**2014年1月第1次印刷
**字　　数：**120千字　　**定　　价：**20.00元
**ISBN 978-7-5130-2199-9**

---

# 审定委员会

# 序

根据《珠海市高级技工学校“国家中等职业教育改革发展示范校建设项目任务书”》的要求，2011年7月至2013年7月，我校立项建设的数控技术应用、电子技术应用、计算机网络技术和电气自动化设备安装与维修四个重点专业，需构建相对应的课程体系，建设多门优质专业核心课程，编写一系列一体化项目教材及相应实训指导书。

基于工学结合专业课程体系构建需要，我校组建了校企专家共同参与的课程建设小组。课程建设小组按照“职业能力目标化、工作任务课程化、课程开发多元化”的思路，建立了基于工作过程、有利于学生职业生涯发展的、与工学结合人才培养模式相适应的课程体系。根据一体化课程开发技术规程，剖析专业岗位工作任务，确定岗位的典型工作任务，对典型工作任务进行整合和条理化。根据完成典型工作任务的需求，四个重点建设专业由行业企业专家和专任教师共同参与的课程建设小组开发了以职业活动为导向、以校企合作为基础、以综合职业能力培养为核心，理论教学与技能操作融合贯通的一系列一体化项目教材及相应实训指导书，旨在实现“三个合一”：能力培养与工作岗位对接合一、理论教学与实践教学融通合一、实习实训与顶岗实习学做合一。

本系列教材已在我校经过多轮教学实践，学生反响良好，可用做中等职业院校数控、电子、网络、电气自动化专业的教材，以及相关行业的培训材料。

珠海市高级技工学校

# 前　言

考虑到目前技工学校的学生知识水平及实训设备的现状，本书的内容既强调基础知识，又注重实用性、可操作性，书中设置了大量的实训练习，其目的是使学生掌握模拟电子技术单元电路（如放大电路、整流电路、负反馈放大电路、振荡电路、稳压电路、功效放大电路、集成运算放大电路等）的组成、工作原理及特点；会使用万用表检测电阻、电容、二极管、三极管等元器件；会使用万用表、稳压电源、信号发生器、示波器等仪器进行电路测量、分析，使学生在掌握模拟电子技术的基础上，具备利用仪器对电路进行测量、分析的能力与技能。

本书在多年职业教学改革实践的基础上，采用项目、任务模式编写，内容包括九个项目。项目一介绍了二极管及其典型应用电路（二极管整流电路）的原理及制作、测量、分析。项目二介绍了三极管及其基本放大电路的原理及制作、测量、分析。项目三介绍了场效应管及其放大电路的制作、测量。项目四介绍了负反馈放大电路的制作、测量、分析。项目五介绍了低频功率放大电路的制作、测量、分析。项目六介绍了集成运算放大电路的制作、测量、分析。项目七介绍了正弦波振荡器的制作与调试。项目八介绍了直流稳压电源的制作、测量、分析。项目九介绍了晶闸管及双向晶闸管交流调压电路的制作。

本书在编写体例上采用轻松的形式，文字表达简洁，并附有大量的实物外形图、表格，直观明了，浅显易懂。

本书参考教学学时数是60～64学时，推荐教学时数安排如下表所示。

| 项目序号 | 教学内容 | 学时数 | | |
| --- | --- | --- | --- | --- |
| | | 合计 | 理论 | 实训 |
| 一 | 二极管整流电路的制作 | 8 | 3 | 5 |
| 二 | 三极管及其基本放大电路 | 8 | 2.5 | 5.5 |
| 三 | 场效应管放大电路 | 4 | 1.5 | 2.5 |
| 四 | 负反馈放大电路 | 8 | 2.5 | 5.5 |
| 五 | 低频功率放大电路 | 8 | 2.5 | 5.5 |
| 六 | 集成运算放大电路 | 8 | 2.5 | 5.5 |
| 七 | 正弦波振荡器 | 8 | 2.5 | 5.5 |
| 八 | 直流稳压电源 | 6 | 1 | 5 |
| 九 | 晶闸管电路 | 4 | 1.5 | 2.5 |
| 总　计 | | 62 | 19.5 | 42.5 |

本书由黄悦好担任主编，郭雄艺担任副主编，参加编写的人员有郑洁平、何可宁、周明君、田志晓。虽然编者有多年从事电子技术理论课程和实训课程的教学工作经历，积累了一定的经验，但随着电子技术的飞速发展，加之编者水平有限、编写时间仓促，书中难免有错误和不妥之处，敬请广大读者批评指正，请将意见和需求发至电子邮箱 hyh3224666@126.com。在此，向参考文献的作者及对本书提出指正的读者表示衷心的感谢。

本书配有免费的课件和实训指导书，包括授课用的 PPT、习题答案、试题及答案，欢迎到“珠海市高校技工学校——数字化资源库”网站下载使用。

**编者**

# 目　　录

# 项目一

# 整流电路的制作

**【学习目标】**

（1）熟悉二极管器件的外形、电路图形符号、主要特性；掌握桥式全波整流电路的工作原理。

（2）会使用万用表判断二极管的极性与好坏，会使用万用表测量电路的重要电压。

（3）会使用示波器测量整流电路中重要电压的波形。

**【项目概述】**

本项目主要分为两个任务。任务1首先讲解二极管器件的外形、电路图形符号、主要特性及其检测方法，然后学生对多种二极管实物进行识别及检测练习。任务2首先讲解由二极管组成的全波整流电路的原理，然后学生进行全波整流电路的制作与测试练习。通过任务2使学生对二极管的应用有更深刻的理解，提高应用万用表的能力。初步掌握正弦波信号发生器、示波器的使用方法。

## 任务1　认识二极管

**【目标】**

（1）熟悉二极管器件的外形和电路图形符号。

（2）熟悉二极管的主要特性和参数。

（3）会使用万用表检测二极管的质量和判断电极。

**【所需仪器设备】**

万用表一块、毫安表一块、直流电压源一台、二极管若干个、灯一只、连接线若干。

**【看一看】**

二极管极性及质量判别演示。

1. 极性判别

目测法：有一圆环标志的一端为负极。

万用表测量：将万用表拨到电阻挡的$R\times100$或$R\times1\mathrm{k}$，将万用表的红、黑表笔分别接二极管两端，若测得电阻比较小（几千欧以下），再将红、黑表笔对调后接在二极管两端，而测得的电阻比较大（几百千欧），说明二极管质量良好。测得电阻小的那一次黑表笔接的是二极管的正极。

2. 质量判别（操作演示）

将万用表拨到电阻挡的 $R\times100$ 或 $R\times1\text{k}$，将万用表的红、黑表笔分别接二极管两端，若测得电阻比较小（几千欧以下），再将红、黑表笔对调后接在二极管两端，而测得的电阻比较大（几百千欧），说明二极管质量良好。如果测得二极管的正、反向电阻都很小，则二极管内部已短路，二极管已被击穿；如果测得二极管的正、反向电阻都很大，则表示二极管内部已断开，二极管已损坏。

**【做一做】**

学生判别二极管的极性及好坏。

**【看一看】**

演示二极管导电性实验：

(1) 按图 1-1 (a) 搭建实验电路，观察灯的亮暗情况。

(2) 按图 1-1 (b) 搭建实验电路，观察灯的亮暗情况。

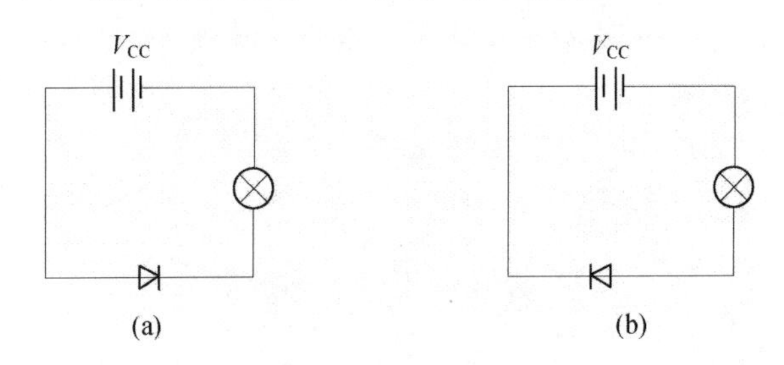


图 1-1　二极管导电性实验电路

**【做一做】**

(1) 按图 1-1 (a) 搭建电路，观察当给二极管加正向偏置电压时灯的亮灭情况。

(2) 按图 1-1 (a) 搭建电路，观察当给二极管加反向偏置电压时灯的亮灭情况。

**【看一看】**

二极管特性曲线的测量。

(1) 按图 1-2 (a) 搭建电路图。

1) 正向测试：按表 1-1 要求输入电压，将测得数据记录下来。

**表 1-1**　　**正向测试测得数据**

| 二极管两端的电压 $U$ (V) | 0 | 0.2 | 0.4 | 0.6 | 0.8 | 1 |
|---|---|---|---|---|---|---|
| 流过二极管的正向电流 $I$ (mA) | | | | | | |

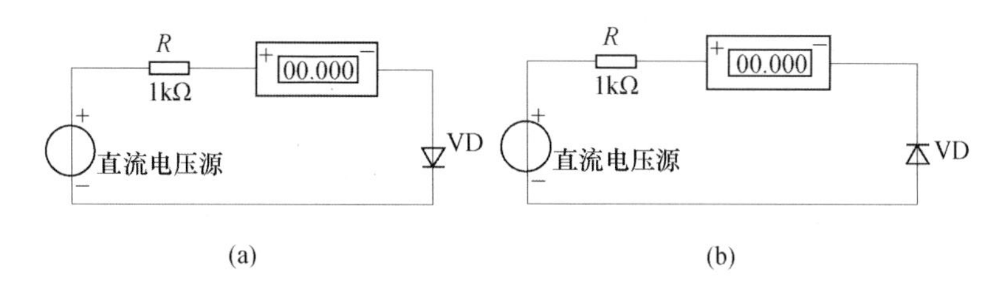


图 1-2　二极管伏安特性曲线测量电路图

（a）正向特性；（b）反向特性

2）反向测试：把二极管的正负极性对调［见图 1-2（b）］，按表 1-2 要求输入电压，将测得数据记录下来。

**表 1-2　　　　　　　　　　　反向测试测得数据**

| 二极管两端的电压 $U$（V） | 0 | −5 | −10 | −15 | −20 | −30 |
|---|---|---|---|---|---|---|
| 流过二极管的反向电流 $I$（mA） | | | | | | |

（2）根据测得的数据描绘出二极管的伏安特性曲线，并标出其死区电压和击穿电压。

**【读一读】**

**阅读内容：**阅读《电子技术基础》（陈振源主编，第 2 版）第 6～11 页的内容，回答以下问题。

（1）二极管的伏安特性曲线指的是什么？

（2）硅、锗二极管的死区电压各为多少？它们导通后的正向压降是多少？

（3）请根据下列国产二极管的型号写出管子的材料和类型。

2AP1、2CK84、2CP31A、2CZ11D

（4）1N4001、1S1885 是国外产二极管的型号，请问它们各代表什么意思？

（5）二极管的技术参数中 $I_{FM}$、$V_{RM}$、$I_S$ 分别代表什么？$I_S$ 的值大好还是小好？

（6）硅二极管和锗二极管的主要差异是什么？各适用于哪些场合？

**【讲一讲】**

1. 什么是二极管

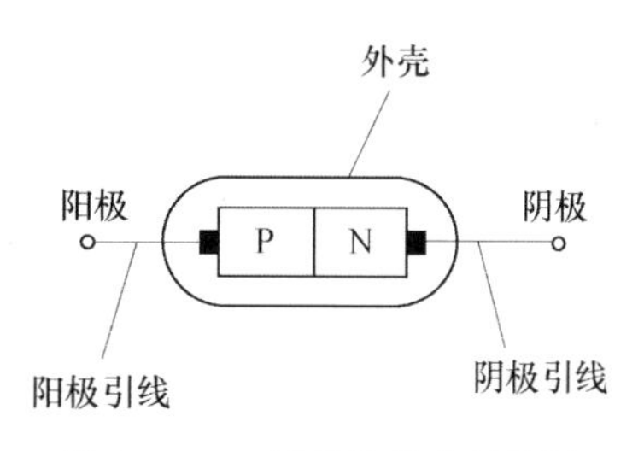


图 1-3　二极管的基本结构图

采用掺杂工艺，使硅或锗晶体的一边形成 P 型半导体区域，另一边形成 N 型半导体区域，在 P 型与 N 型半导体的交界面形成一个具有特殊电性能的薄层，称为 PN 结。从 P 区引出正电极，从 N 区引出负电极，再用塑料、玻璃或金属材料作为封装外壳，在外壳上印上标记，就是一个二极管了（见图1-3）。

2. 二极管的外形、符号

（1）外形。常见二极管的外形如图 1-4 所示。

普通整流二极管

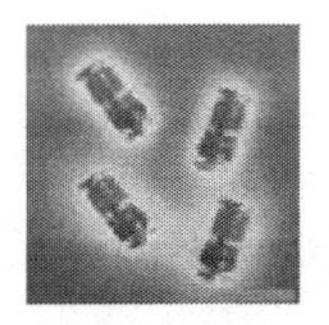
开关二极管

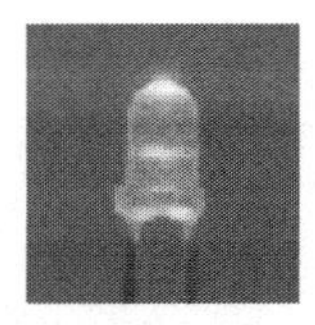
发光二极管

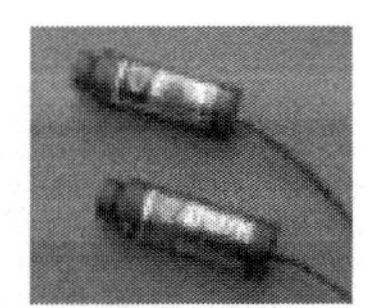
激光二极管

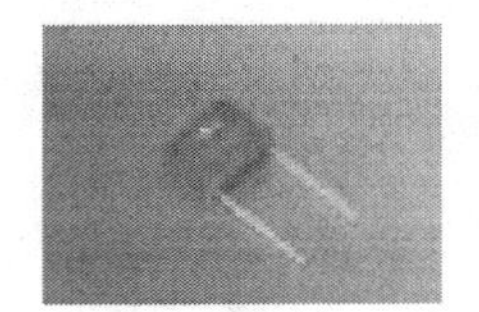
高压二极管

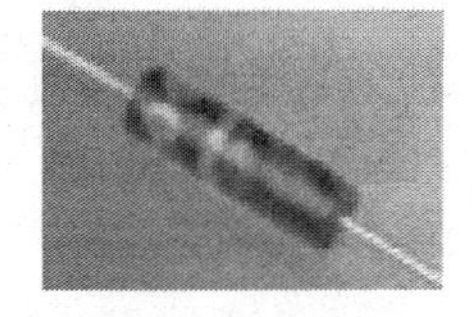
高压二极管

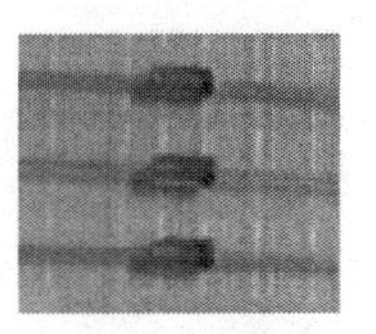
稳压二极管

图 1-4　常见二极管

（2）电路符号。常见二极管的电路符号见图 1-5。常用字母 VD 表示二极管。

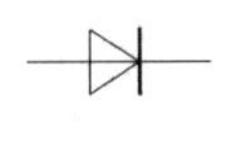
普通二极管

稳压二极管

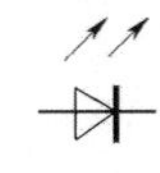
发光二极管

图 1-5　常见二极管的电路符号

3. 二极管的主要特点和主要作用

主要特点：单向导电性。

主要作用：整流、检波、稳压。

4. 二极管的单向电导电性

（1）加正向电压导通：将电源正极与二极管的正极相连，电源负极与二极管的负极相连，则二极管导通。导通后硅二极管正向压降约为 0.6～0.7V，锗二极管正向压降约为 0.2～0.3V。

（2）加反向电压截止：将电源正极与二极管的负极相连，电源负极与二极管的正极相连，则二极管截止，其内部呈现较大的电阻，几乎没有电流通过。

5. 二极管的伏安特性曲线

二极管的伏安特性曲线指的是加在二极管两端的电压 $U$ 与流过二极管的电流 $I$ 的关系曲线，如图 1-6 所示。

硅二极管的死区电压为 0.5V，锗二极管的死区电压为 0.2V。

**【议一议】**

（1）半导体的特性是什么？杂质半导体的分类有哪些？

（2）二极管的电路符号、主要特性、主要参数分别是什么？

（3）使用万用表检测二极管的质量和判断电极的方法是什么？

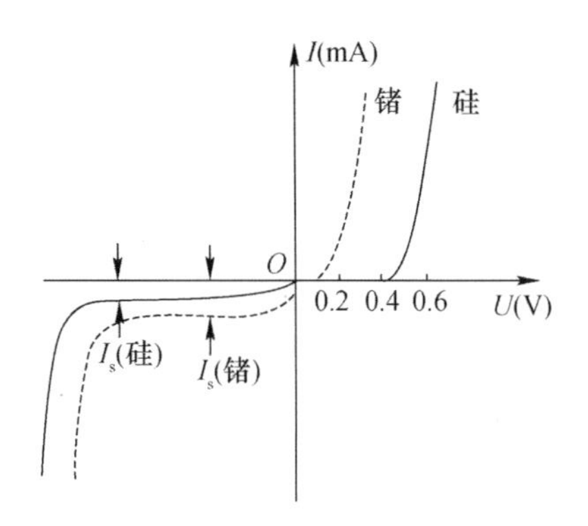


图 1-6　硅二极管与锗二极管伏安特性

**【想一想】**

在实际应用中，选用二极管的原则是什么？

**【知识拓展】**

1. 稳压二极管

特点：工作在反向击穿区域。

作用：稳定电压。

2. 发光二极管

特点：加一定的正向偏压（多为 1.5～2.5V）后会发光。

极性的区别：引脚较长者为正，较短者为负；有突起标志的，则靠近标志的管脚为正极。

3. 光敏二极管

特点：在光线的照射下反向电阻由大变小。

## 任务 2　整流电路的制作

**【目标】**

（1）熟悉桥式余波整流电路的结构及整流后的输出电压波形。

（2）掌握桥式全波整流电路的工作原理。

**【所需仪器设备】**

万用表一块、示波器一台、二极管若干个、灯一只、电源变压器一个、电容一个、连接线若干。

**【看一看】**

桥式全波整流电路实验演示。

1. 按图 1－7 搭接电路

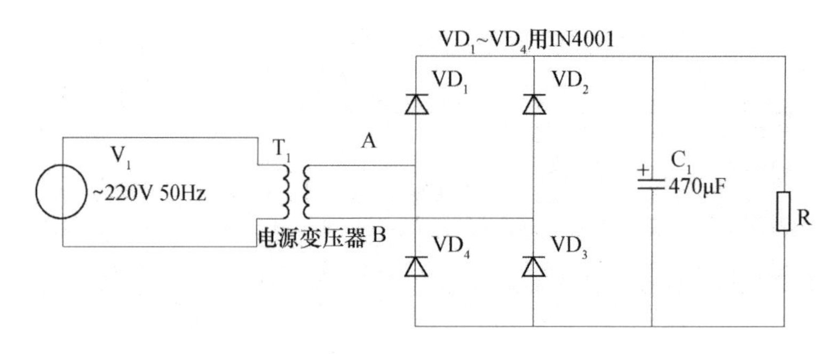


图 1－7　桥式整流电路

2. 实验演示

（1）用示波器观察变压器次级电压，用万用表交流电压挡测量其电压值，记录于表 1－3。

**表 1－3**

| 变压器次级的电压波形 | 万用表测得的电压值 |
| --- | --- |
| 电压峰峰值＝ | |

（2）不接滤波电容 $C_1$，用示波器观察输出电压的波形，用万用表测输出的电压值并记录于表 1－4。

（3）接上滤波电容 $C_1$，不接负载，用示波器观察输出电压的波形，用万用表测输出的电压值并记录于表 1－4。

（4）接上负载，用万用表测负载两端的直流电压（注意极性），并记录于表 1－4。

**表 1－4**

| | 输出电压波形 | 输出电压的测量值 |
| --- | --- | --- |
| 不接 $C_1$，不接负载 | | |
| 接 $C_1$，不接负载 | | |
| 接 $C_1$，接负载 | | |

**【读一读】**

**阅读内容：**阅读《电子技术基础》（陈振源主编，第 3 版）第 14～22 页的内容，回答以下问题。

（1）如何选用半波整流电路的变压器？

（2）半波整流电路一般用于什么场合？请举例。

（3）半波整流电路、桥式整流电路加电容滤波后，应如何选用整流二极管？如何选用滤波电容？

（4）桥式整流电路中的二极管极性是否允许接错？为什么？

（5）滤波电容容量的大小对输出电压的波形有影响吗？

**【讲一讲】**

（1）整流电路的功能：将交流电转换成脉动直流电。

（2）分析负载上的电压波形的形成及工作原理。

1）当电源变压器次级电压为正半周时，$VD_1$、$VD_3$ 导通，$VD_2$、$VD_4$ 截止。单向脉动电流的流向为 A 端$\longrightarrow VD_1 \longrightarrow R \longrightarrow VD_3 \longrightarrow$B，负载上电流方向从上到下，其脉动电压极性为上正下负（见图 1－8）。

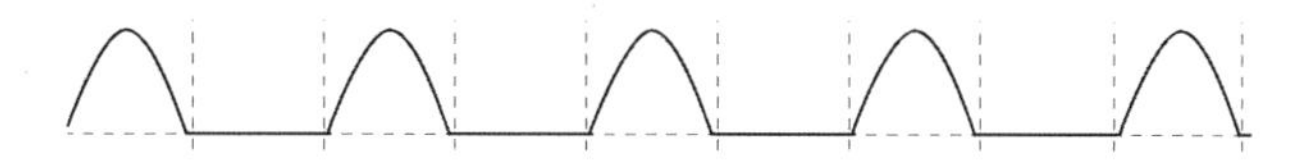

图 1－8　次级电压正半周的脉动电压

2）当电源变压器次级电压为负半周时，$VD_2$、$VD_4$ 导通，$VD_1$、$VD_3$ 截止。单向脉动电流的流向为 B 端$\longrightarrow VD_2 \longrightarrow R \longrightarrow VD_4 \longrightarrow$A，负载上电流方向从上到下，其脉动电压极性仍为上正下负（见图 1－9）。

图 1－9　次级电压负半周的脉动电压

**【议一议】**

（1）桥式全波整流电路中的二极管极性是否允许接错？为什么？

（2）在桥式全波整流电路中，如何获得负极性的直流脉动电源？

**【想一想】**

（1）在图 1－6 中，若 $VD_1$ 极性接反了，会出现什么情况？

（2）在图 1－6 中，若 $VD_2$ 开路或脱焊，会出现什么情况？

**【知识拓展】**

1. 整流堆的应用

将若干只整流二极管用绝缘陶瓷、环氧树脂等外壳封装成一体就制成整流堆，常见的有半桥整流堆和全桥整流堆。全桥整流堆有 4 个引脚，其中 2 个引脚上标有“～”符号，与输入的交流电连接，另外2个引脚分别标着“+”“−”，是整流输出直流电压的正、负端。它的主要参数是最高反向电压和最大整流电流。

2. 电容滤波器的特点

（1）在电容滤波电路中，滤波电容$C$的容量越大，输出的直流电压就越大，滤波效果越好。

（2）在采用大容量的滤波电容时，接通电源的瞬间充电电流特别大。电容滤波器只适用于负载电流较小的场合。

# 项目二 晶体管及其放大电路

**【学习目标】**

(1) 熟悉晶体管的外形、电路图形符号、主要特性；掌握晶体管组成的放大电路的工作原理。

(2) 会使用万用表判断晶体管的极性与好坏；会使用万用表、示波器对电路进行测量。

**【项目概述】**

本项目分为四个任务，主要介绍晶体管的外形、电路图形符号、主要特性及其检测方法；由晶体管组成的放大电路的工作原理、静态工作点的测量与调试等。同时，培养学生的自主学习能力、团队精神与协作能力，以及文献检索、资料查找与阅读能力。

## 任务1　认识晶体管

**【目标】**

(1) 了解晶体管的结构及电流分配关系。

(2) 掌握单级低频放大电路（共发射极放大电路）的组成及静态工作点的调试方法。

**【所需仪器设备】**

万用表一块、毫安表两块、微安表一块、直流电压源一台、晶体管若干个、连接线若干。

**【看一看】**

晶体管电流放大能力的演示。

(1) 按图 2-1 搭接电路。

晶体管：3DG6。

微安表：100μA 直流表头。

毫安表：10mA 直流表头。

$V_{CC}$：6V 直流电源。

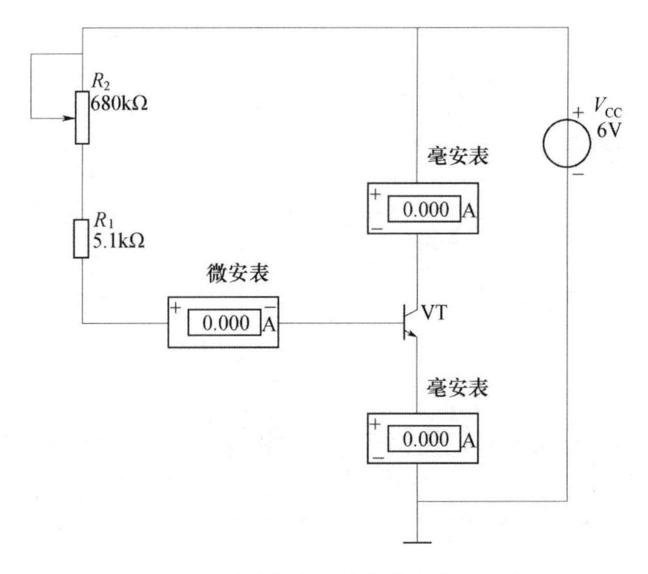


图 2－1　晶体管电流放大能力演示电路

(2) 调节电位器 $R_p$，分别使 $I_B$ 为表 2－1 的数值，观察 $I_C$、$I_E$ 的变化情况。

**表 2－1**

| $I_B$（μA） | 0 | 20 | 40 | 60 |
|---|---|---|---|---|
| $I_C$（mA） | | | | |
| $I_E$（mA） | | | | |

由表 2－1 中测出的电流可得出：

$$I_E = I_C + I_B$$

$$\beta = I_C / I_B$$

**【做一做】**

学生每两人一组，按图 2－1 所示电路连接，按表 2－2 中给定的 $I_B$ 进行测量并计算出此晶体管直流电流放大倍数 $\beta$。

**表 2－2**

| $I_B$（μA） | 0 | 20 | 40 | 60 |
|---|---|---|---|---|
| $I_C$（mA） | | | | |
| $I_E$（mA） | | | | |
| $\beta$ | | | | |

**【看一看】**

晶体管的引脚与管型的判别。

方法：

（1）万用表量程选择（$R\times100$、$R\times1\text{k}$）。

（2）确定基极，同时可判别管型。

（3）确定集电极、发射极。

**【做一做】**

学生每人用万用表判别几个晶体管的管型和引脚。

**【读一读】**

**阅读内容：**阅读《电子技术基础》（陈振源主编，第2版）第36～39页、第41～44页的内容，掌握以下要点。

1. 晶体管的结构与分类

（1）外型见《电子技术基础》（陈振源主编，第2版）第36页图2-1。

（2）结构及图形符号见《电子技术基础》（陈振源主编，第2版）第37页图2-2。

（3）分类：

1）按管芯所用材料分为硅管和锗管。硅管受测试影响较小，工作稳定，因此在自动控制设备中常用硅管。

2）按内部基本结构分为NPN和PNP。

3）按工作频率分为高频管（工作频率不低于3MHz）和低频管（工作频率在3MHz以下）。

4）按功率分为小功率（耗散功率小于1W）和大功率管（耗散功率不低于1W）。

5）按用途分为普通放大晶体管和开关晶体管。

2. 电流的放大作用

（1）晶体管各极电流关系：$I_E=I_B+I_C$

（2）晶体管具有电流放大作用，共发射极放大电路中直流电流放大系数$\beta=I_C/I_B$，交流电流放大系数$\beta=\Delta I_C/\Delta I_B$。

**【想一想】**

（1）晶体管的主要特性是什么？

（2）晶体管的三个电极的电流大小关系如何？

（3）晶体管的电路符号是什么？

**【知识拓展】**

（1）晶体管的偏置电压与工作状态的判断方法。

发射极正向偏置，集电极反向偏置——放大。

发射极正向偏置，集电极正向偏置——饱和。

发射极反向偏置，集电极反向偏置——截止。

（2）利用图2-2，由晶体管的引脚对地的电位判断管子的管型、材料、引脚。

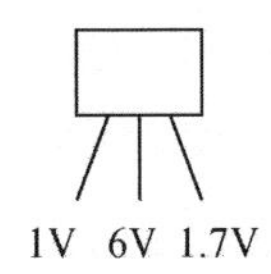


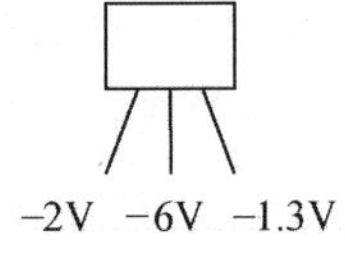


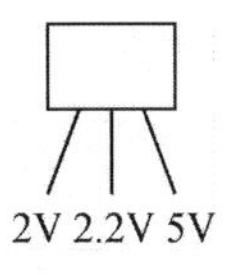


图 2－2 晶体管的引脚对地的电位

# 任务 2 晶体管基本放大电路

**【目标】**

（1）掌握晶体管基本放大电路的组成、电路结构。

（2）了解静态工作点的概念及静态工作点对波形的影响。

**【看一看】**

教师搭接电路，如图 2－3 所示，并用示波器观察输出波形的变化。

说明：

（1）低频信号发生器输出幅度为 10mV、频率为 1kHz 的正弦信号接至电路的输入端。

（2）示波器接电路输出端。

（3）用实验箱上的晶体管。

通过开关 S 控制 $R_1$ 是否接入，并观察有无 $R_1$ 时波形的变化情况。

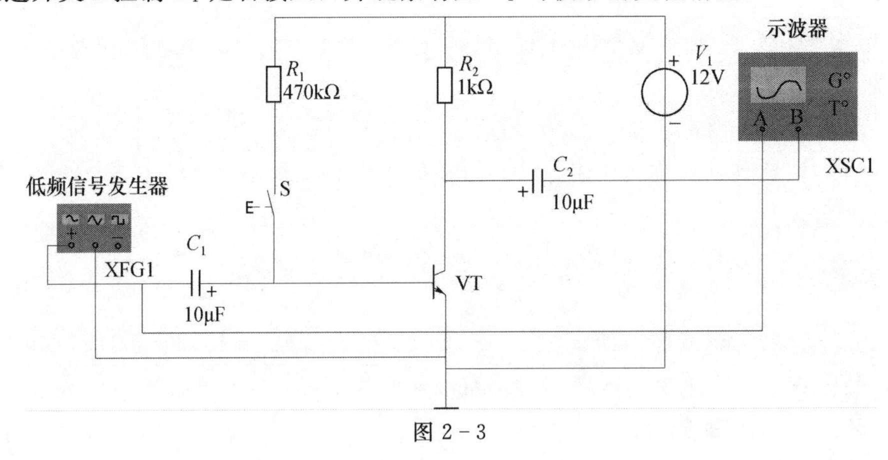


图 2－3

**【做一做】**

学生按图 2－3 搭接电路，注意电解电容的正、负极不要接反，经老师检查无误后方可通电进行实验。

在电路输入端分别输入频率为 1kHz，幅度按表 2－3 的要求设置。用示波器观察输出端的波形情况，记录于表 2－3。

**表 2-3**

| $R_1$ | $u_i$ | 示波器观察的 $u_o$ 的波形 |
| --- | --- | --- |
| 断开 | 10mV | |
| $R_1=470k\Omega$ | | |
| 断开 | 1V | |
| $R_1=470k\Omega$ | | |

**【读一读】**

**阅读内容**：阅读《电子技术基础》（陈振源主编，第 2 版）第 47～51 页，掌握以下要点。

（1）放大的基本概念及原理。

（2）共发射极放大电路的组成、各元件的作用。

（3）放大电路的电压、电流符号规定。

（4）放大电路静态工作点的概念以及静态工作对放大信号的影响。

（5）失真的概念。

**【想一想】**

（1）共发射极放大电路的电路形式是什么？各元件有何作用？

（2）什么是放大电路的静态工作点？为什么要设置静态工作点？

（3）什么是放大电路中的失真？

（4）图 2-4 所示电路能否正常放大信号？

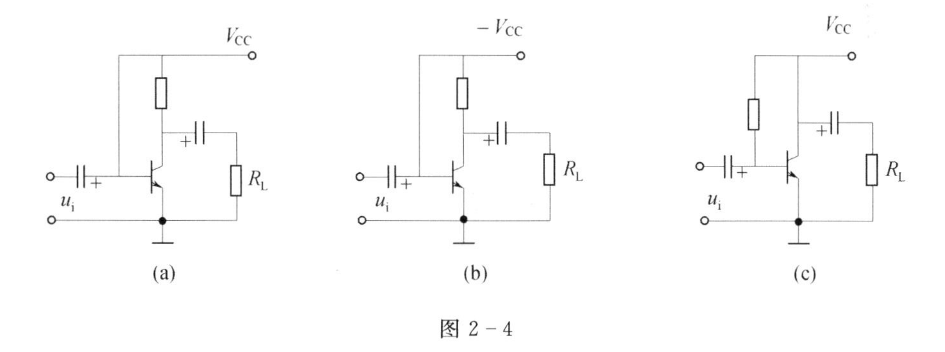


图 2-4

**【知识拓展】**

（1）PNP 管以及基本放大电路的构成。

（2）放大电路放大的原理。

## 任务3　放大电路的分析与调试

**【目标】**

（1）掌握放大电路中电压放大倍数的测量方法。

（2）掌握放大电路的静态工作点对波形失真的影响。

（3）学会调试静态工作点的方法。

**【所需仪器设备】**

万用表一块、示波器一台、直流电压源一台、毫伏表一块、元件器若干个（也可用实验箱上的元件或实验板）、连接线若干。

**【看一看】**

（1）教师在实验箱上连接如图2-5所示电路。

$u_i$ 接低频信号发生器，幅值为10mV、频率为1kHz的正弦信号。

$u_o$ 接示波器、毫伏表。

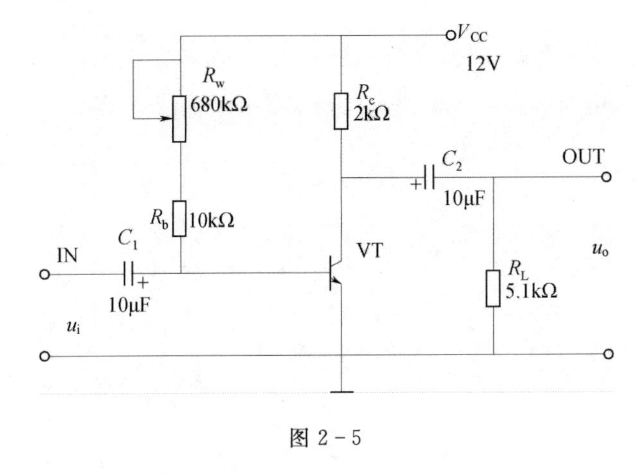


图2-5

（2）演示步骤。

1）先不接低频信号发生器、示波器和毫伏表。

2）接通12V直流电压源，用万用表测 $V_{CE}$ 并调节 $R_w$ 使 $V_{CE}$ 为4～8V之间即可。计算 $I_C=(V_{CC}-V_{CE})/R_C$ 并用万用表测此时的 $V_{BE}$。

3）当 $V_{CE}$ 调到4～8V之间的一个数值后，再将低频信号发生器、示波器、毫伏表接入，输入幅值为10mV、频率为1kHz的正弦信号。用示波器观察 $u_o$ 的波形，并用毫伏表测量 $u_o$，计算电压放大倍数 $A_u=u_o/u_i$。

**【做一做】**

学生分组按图2-5所示电路在实验箱上进行组装（注意：组装之前先测试晶体管的

好坏，电解电容的极性不能接反），经老师检查后方可通电进行测试。

测试内容如下：

（1）接通直流电压源 12V，用万用表直流电压挡测量电路中晶体管 C、E 两极的电压，并调节 $R_w$，使 $V_{CE}$在 6V 左右即可，并计算 $I_C=(V_{CC}-V_{CE})/R_C$。若调 $R_w$ 时 $V_{CE}$不变且为 0，则应检查电路是否正确或晶体管是否是好的。

（2）用实验箱上的信号源输出幅值为 10mV、频率为 1kHz 的正弦信号，调好后接至放大电路的输入端。

（3）用示波器观察负载 $R_L$ 两端的电压波形，分别测量电路输入、输出信号的峰峰值，计算电压放大倍数。

（4）用毫伏表测量 $V_o$，计算电压放大倍数 $A_u=V_o/V_i$，并将数据记录在表 2-4。

**表 2-4**

| $V_{CC}=12V$ | $V_{CE}=6V$ | $R_C=2k\Omega$ | $I_C=(V_{CC}-V_{CE})/R_C=$ |
|---|---|---|---|
| $V_{ipp}=$ | $V_{opp}=$ | $A_u=V_{opp}/V_{ipp}=$ | |
| $V_i=$ | $V_o=$ | $A_u=V_o/V_i=$ | |

**【看一看】**

波形的失真与消除方法：

（1）教师在图 2-5 的电路图中将 $R_b$ 换成 100kΩ，观察示波器中波形的变化，并记录波形的形状。

（2）再将 $R_b$ 换成 20kΩ，观察示波器中波形的变化，并记录波形的形状。

从而说明 $R_b$ 的变化对输出波形的影响。

**【做一做】**

（1）学生在图 2-5 所示的电路图中将 $R_b$ 换成 100kΩ，观察示波器中波形的变化，并记录波形的形状。

（2）再将 $R_b$ 换成 2MΩ，观察示波器中波形的变化，并记录波形的形状，填写表 2-5。

（3）由此写出结论。

**表 2-5**

| 项目 | 输出电压波形 | 失真情况 | $V_{CE}$ |
|---|---|---|---|
| $R_b=$<br>（调好后测） | | 无失真 | 6V |
| $R_b=100k\Omega$ | | | |
| $R_b=2M\Omega$ | | | |

**【读一读】**

**阅读内容：**阅读《电子技术基础》（陈振源主编，第 2 版）第 51～55 页、第 57～59

页内容，掌握以下要点。

（1）共发射极放大电路的组成。

（2）静态工作点的调整方法。

（3）电压放大倍数的计算。

（4）$R_b$ 电阻的变化对放大输出波形的影响。

**【想一想】**

（1）共发射极电路的组成能记住吗？

（2）放大电路的放大倍数公式以及计算的方法。

（3）放大电路的静态工作点是指什么？

（4）基本共发射极放大电路的 $R_b$ 为什么用一个固定电阻和可调电阻串联组成？

（5）当 $R_b$ 变为 20kΩ 时，波形出现什么失真？$R_b$ 变为 2MΩ 时，波形出现什么失真？

（6）当波形出现失真后，应调整哪个元件？

**【知识拓展】**

（1）放大电路中直流电源的作用、放大电路中直流电源的画法。

（2）从示波器中的波形判断失真的类型。

（3）共发射极放大电路中各元件的作用。

## 任务 4　静态工作点稳定的放大电路的调试与分析

**【目标】**

（1）了解影响放大电路工作点的原因。

（2）掌握静态工作点稳定的放大电路——分压式偏置放大电路的电路形式。

**【所需仪器设备】**

万用表一块、示波器一台、直流电压源一台、毫伏表一块、元器件若干个（也可用实验箱上的元件或实验板）、连接线若干。

**【看一看】**

分压式偏置放大电路的连接与测试。

（1）教师搭接图 2－6 中的电路。

（2）测试静态工作点，填入表 2－6。

**表 2－6**

| $V_{BE}=$ | $V_{CE}=$ | $V_{RC}=$ | $I_C=V_{RC}/R_C=$ |
|---|---|---|---|
| $v_i=$ | $v_o=$ | $A_u=v_o/v_i=$ | |
| $v_{ipp}=$ | $v_{opp}=$ | $A_u=v_{opp}/v_{ipp}=$ | |

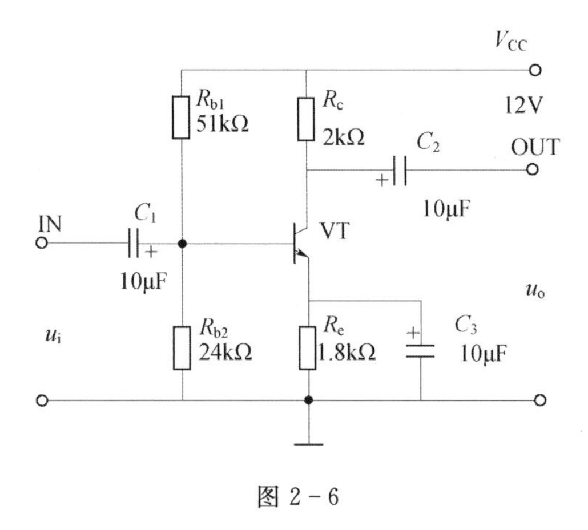


图 2-6

(3) 输入幅值为 10mV、频率为 1kHz 的正弦信号，用示波器观察 $u_o$ 的波形，并用毫伏表测量 $v_o$，计算电压放大倍数 $A_u = v_o / v_i$ 并填入表 2-6。

**【做一做】**

学生按图 2-5 所示电路在实验箱上进行连接，经教师检查无误后方可通电测试。测试步骤如下：

(1) 测量静态工作点。

(2) 输入幅值为 10mV、频率为 1kHz 的正弦信号，用示波器观察 $u_o$ 的波形（不能失真），并用毫伏表测量 $v_o$，计算电压放大倍数 $A_u = v_o / v_i$ 并填入表 2-6。

**【读一读】**

**阅读内容：** 阅读《电子技术基础》(陈振源主编，第 2 版) 第 60～63 页内容，掌握以下要点。

(1) 放大电路静态工作点不稳定的原因。

(2) 静态工作点稳定的分压式偏置放大电路的结构形式。

(3) 静态工作点稳定的原理。

**【想一想】**

(1) 静态工作点为什么不稳定?

(2) 分压式偏置放大电路是如何稳定静态工作点的?

**【知识拓展】**

(1) 分析分压式偏置放大电路的结构特点及静态工作点的原理。

(2) 放大电路组态的介绍。

# 项目三 场效应晶体管放大电路

**【学习目标】**

（1）认识场效应晶体管的分类及电路符号；掌握场效应晶体管的基本工作原理。

（2）会使用万用表、示波器对放大电路进行测量分析。

**【项目概述】**

本项目分为两个任务，主要介绍场效应晶体管的分类及电路符号、场效应晶体管组成的放大电路的基本工作原理。帮助学生学会使用万用表、示波器对放大电路进行测量分析。

## 任务1　认识场效应晶体管

**【目标】**

（1）掌握场效应晶体管的基本工作原理、转移特性、输出特性及主要参数。

（2）熟悉场效应晶体管的分类及电路符号。

（3）熟悉场效应晶体管放大电路的基本形式，知道放大电路中主要元器件的功能。

**【所需仪器设备】**

万用表一块、示波器一台、直流电压源一台、毫伏表一块、元器件若干个（也可用实验箱上的元件或实验板）、连接线若干。

**【看一看】**

教师播放光盘演示场效应晶体管的电压控制原理。

**【读一读】**

**阅读内容：** 阅读《电子技术基础》（陈振源主编，第2版）第77～83页，掌握以下要点。

（1）场效应晶体管的特点：电压控制器件，输入阻抗高、噪声低、热稳定性好、省电。

（2）绝缘栅型场效应晶体管。

1）N 沟道增强型绝缘栅型场效应晶体管（MOS）的结构、电路符号、转移特性、输出特性及主要参数。P 沟道增强型绝缘栅型场效应晶体管（MOS）的结构、电路符号。

2）N 沟道耗尽型绝缘栅型场效应晶体管（MOS）的结构、电路符号、转移特性、输出特性及主要参数。P 沟道耗尽型绝缘栅型场效应晶体管（MOS）的结构、电路符号。

（3）结型场效应晶体管的分类、结构、电路符号、转移特性、输出特性。

**【想一想】**

（1）场效应晶体管的特点是什么？

（2）分别画出 N 沟道增强型绝缘栅型场效应晶体管、P 沟道增强型绝缘栅型场效应晶体管、N 沟道耗尽型绝缘栅型场效应晶体管、P 沟道耗尽型绝缘栅型场效应晶体管的电路符号。

（3）场效应晶体管的转移特性曲线有什么特点？增强型的和耗尽型的有什么不同？

（4）指出场效应晶体管输出特性曲线中的可调电阻区、放大区、击穿区。

（5）分别画出 N 沟道结型场效应晶体管、P 沟道结型场应效晶体管的电路符号。

（6）结型场效应晶体管的转移特性曲线有什么特点？它与绝缘栅型场效应晶体管有什么不同？

（7）场效应晶体管的参数 $I_{DSS}$、$V_{GS(off)}$、$V_{GS(th)}$、$g_m$、$V_{(BR)DS}$、$P_{DSM}$ 分别表示什么意思？

**【知识扩展】**

场效应晶体管的焊接及存放方法。

## 任务 2　场效应晶体管放大电路

**【目标】**

熟悉场效应晶体管放大电路的基本形式，知道放大电路中主要元件的功能。

**【所需仪器设备】**

万用表一块、示波器一台、直流电压源一台、毫伏表一块、元器件若干个（也可用实验箱上的元件或实验板）、连接线若干。

**【看一看】**

教师搭接如图 3－1 所示电路。

（1）在电路输入端输入幅值为 50mV、频率为 1kHz 的正弦信号，用示波器观察输出的信号波形。

（2）调节 $R_P$ 使输出信号幅度最大且不失真。

（3）观察负载电阻 $R_L$ 对输出信号的影响。

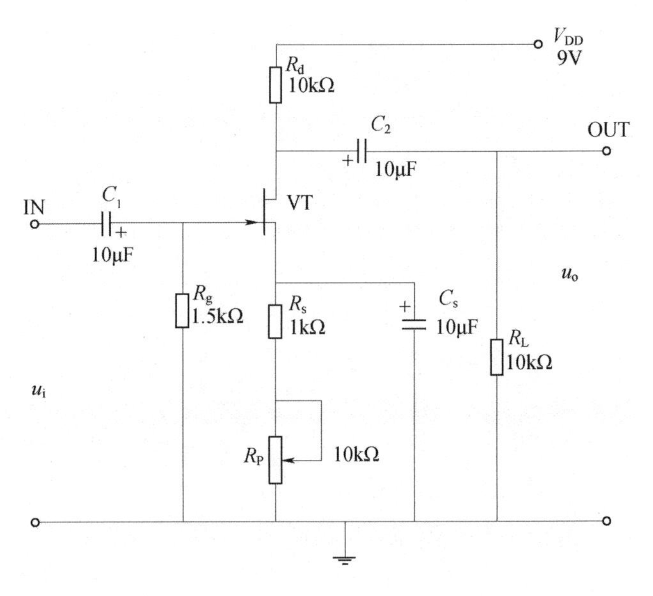


图 3－1　场效应晶体管放大电路

**【做一做】**

学生搭接图 3－1 所示电路，并进行以下测试。

1. 观察静态工作点对输出波形的影响

（1）在放大电路输入端输入幅值为 50mV、频率为 1kHz 的正弦信号。将电位器调至零，用示波器观察输出电压的波形并填入表 3－1；将电位器调至最大，用示波器观察输出电压的波形并填入表3－1。

（2）调节最佳工作点：仔细调节电位器，直至示波器显示的输出电压波形幅度最大且不失真，用万用表测量静态工作点 $V_{DSQ}$及最佳工作点时电位器 $R_P$ 的阻值，并填入表 3－1。

**表 3－1**

| 电位器 / 测量数据 | $R_P$ 最小 | 最佳静态工作点 $R_P$＝ | $R_P$ 最大 |
|---|---|---|---|
| $V_{DSQ}$ | | | |
| 输出电压波形 | | | |

2. 放大倍数的测量

在放大电路输入端输入峰值为 20mV、1kHz 的正弦信号。不接 $R_L$，用毫伏表测量输出电压值，填入表 3－2；接入 $R_L$ 用毫伏表测量输出电压值，并填入表 3－2。分别计算其放大倍数。

**表 3－2**

| 负载电阻 | 输入信号电压 $V_{ipp}$ | 输出信号电压 $V_{opp}$ | 放大倍数 $A_u$ |
| --- | --- | --- | --- |
| 不接 $R_L$ | | | |
| 接入 $R_L$ | | | |

3. 写出结论

**【读一读】**

**阅读内容：**阅读《电子技术基础》（陈振源主编，第 2 版）第 84～87 页，掌握以下要点。

（1）放大电路的构成。

（2）放大电路主要元件的作用。

**【想一想】**

（1）画出分压偏置共源极场效应晶体管放大电路。

（2）写出电路主要元件的作用。

**【知识扩展】**

场效应晶体管放大电路的电压放大倍数、输入电阻、输出电阻的计算方法。

# 项目四

# 负反馈放大电路

**【学习目标】**

（1）认识负反馈电路的类型。掌握正确判别负反馈电路反馈类型的方法。认识负反馈对放大电路性能的影响。

（2）会使用万用表、示波器对负反馈放大电路进行测量分析。

**【项目概述】**

本项目分为三个任务，主要介绍负反馈电路的类型、正确判别负反馈电路反馈类型的方法、负反馈对放大电路性能的影响。帮助学生学会使用万用表、示波器对负反馈放大电路进行测量分析的方法。同时培养学生自主学习能力、团队精神与协作能力以及文献检索、资料查找与阅读能力，并养成正确使用电工仪器仪表的习惯，培养良好的职业素养。

## 任务1　认识负反馈电路

**【目标】**

（1）理解负反馈的概念。

（2）认识负馈放大电路的四种类型。

（3）掌握正确判别负反馈类型的方法。

**【所需仪器设备】**

万用表一块、示波器一台、直流电压源一台、毫伏表一块、元器件若干个（也可用实验箱上的元件或实验板）、连接线若干。

**【看一看】**

老师搭接如图4-1所示电路，演示负反馈对放大倍数的影响。

步骤如下：

（1）在电路输入端输入幅值为10mV、频率为1kHz的正弦信号。合上开关S，用示波器观察电路输出端的信号波形。

（2）断开开关S，从示波器中可看到输出信号波形的幅度大幅下降。

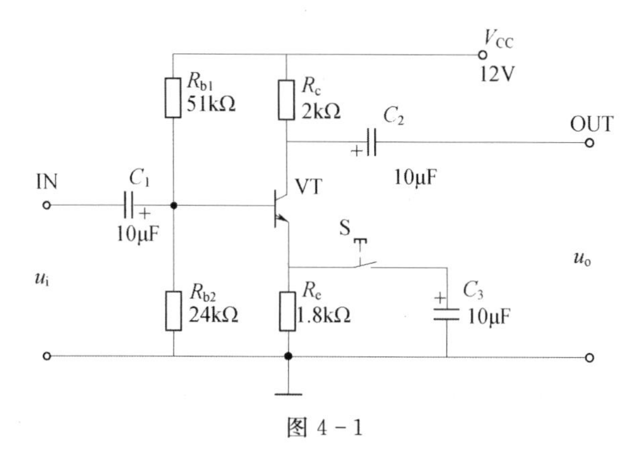

图 4－1

（3）结论：负反馈使电路的放大倍数下降。

**【做一做】**

（1）学生按图 4－1 搭建电路。

（2）在电路输入端输入幅值为 10mV、频率为 1kHz 的正弦信号。合上开关 S，用示波器观察电路输出端的信号波形，测量并记下输出电压值。

（3）断开开关 S，用示波器观察电路输出端的信号波形，测量并记下输出电压值。

（4）对比两次测得的输出电压值，并由此写出结论。

**【读一读】**

**阅读内容：**阅读《电子技术基础》（陈振源主编，第 2 版）第 92～94 页、第 98～105 页，掌握以下要点。

（1）反馈的概念、分类。

（2）判别反馈类型的方法。

（3）反馈系数的概念。

（4）四种典型的负反馈电路的分析及特点。

**【想一想】**

（1）什么是反馈？什么是正反馈？什么是负反馈？

（2）什么是反馈系数？反馈系数 $F=0$ 或 $F=1$ 时表示什么意思？

**【知识扩展】**

熟记四种类型的负反馈电路。

## 任务 2　负反馈放大电路的搭接与调试

**【目标】**

掌握负反馈放大电路的搭接与调试方法。

**【所需仪器设备】**

万用表一块、示波器一台、直流电压源一台、毫伏表一块、元器件若干个（也可用实验箱上的元件或实验板）、连接线若干。

**【看一看】**

（1）教师按图 4－2 搭接负反馈放大电路，测量静态工作点。

（2）输入幅值为 2mV、频率为 1kHz 的正弦信号，用示波器观察输出信号波形。

**【做一做】**

（1）学生搭接如图 4－2 所示电路。

（2）接上直流电压源，不接交流输入信号，按表 4－1 的要求测量电路的静态工作点。

（3）输入幅值为 2mV、频率为 1kHz 的正弦信号，用示波器观察输出信号波形。

**注意：**当输入信号幅值大于 4.5mV，不接负反馈电阻 $R_f$ 时，输出信号将出现失真（饱和、截止失真同时出现）。

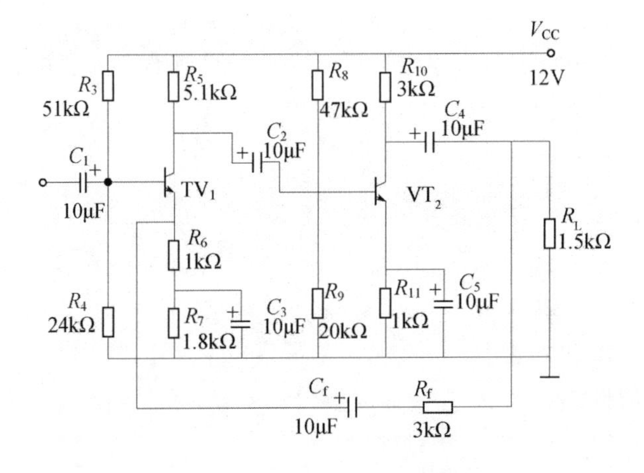


图 4－2　负反馈放大电路

**表 4－1**

| $V1_{BE}$ | $V_{R5}$ | $I_{C1}=V_{R5}/R_5$ | $V2_{BE}$ | $V_{R10}$ | $I_{C2}=V_{R10}/R_{10}$ |
|---|---|---|---|---|---|
| | | | | | |

## 任务 3　负反馈放大电路的测试与分析

**【目标】**

（1）认识负反馈对放大电路性能的影响。

（2）认识四种类型的负反馈放大电路。

**【所需仪器设备】**

万用表一块、示波器一台、直流电压源一台、毫伏表一块、元件器若干个（也可用实验箱上的元件或实验板）、连接线若干。

**【看一看】**

教师按图 4－2 搭接电路，演示负反馈对放大电路放大倍数的影响。

**【做一做】**

学生按图 4－2 搭接电路，测量电路分别不接负反馈与接入负反馈时的电压放大倍数。

接好图 4－2 所示电路，输入幅值为 2mV、频率为 1kHz 的正弦信号，用示波器观察接入负反馈电阻 $R_f$ 与不接负反馈电阻 $R_f$ 时输出信号波形的变化。测量接入负反馈电阻 $R_f$ 与不接负反馈电阻 $R_f$ 时电路的放大倍数并填写表 4－2。

**表 4－2**

<table>
<tr><th>负反馈电阻 $R_f$</th><th>$V_i$</th><th>$V_o$</th><th>$V_{ipp}$</th><th>$V_{opp}$</th><th>电压放大倍数 $A_u$</th></tr>
<tr><td>接入</td><td rowspan="2">2mV</td><td></td><td rowspan="2">5.6mV</td><td></td><td>$A_u=V_o/V_i=$<br>$A_u=V_{opp}/V_{ipp}=$</td></tr>
<tr><td>不接</td><td></td><td></td><td>$A_u=V_o/V_i=$<br>$A_u=V_{opp}/V_{ipp}=$</td></tr>
</table>

**【读一读】**

**阅读内容：**阅读《电子技术基础》（陈振源主编，第 2 版）第 94～98 页，掌握负反馈对放大电路性能的影响。

**【想一想】**

负反馈对放大电路性能有哪些影响？

**【知识拓展】**

负反馈放大电路类型及判别方法。

# 项目五

# 低频功率放大电路

【学习目标】

（1）认识功率放大电路的类型；掌握单电源互补对称电路（OTL）的工作原理。

（2）会使用万用表、示波器对功率放大电路进行测量分析。

【项目概述】

本项目分为四个任务，主要介绍功率放大电路的类型、典型功率放大电路的工作原理。帮助学生学会使用万用表、示波器对功率放大电路进行测量分析的方法。同时培养学生自主学习的能力以及文献检索、资料查找与阅读的能力，并为学生的可持续发展打下良好的基础。

## 任务1　认识功率放大电路

【目标】

（1）了解何为功率放大电路。

（2）掌握功率放大电路的特点和功率放大管的特点。

【所需仪器设备】

万用表一块、示波器一台、直流电压源一台、毫伏表一块、元器件若干个（也可用实验箱上的元件或实验板）、连接线若干。

### 一、认识功率放大电路

1. 功率放大电路

功率放大电路是向负载提供信号功率的放大电路。

2. 功率放大电路与小信号电压放大电路的区别

（1）功能不同：小信号电压放大电路的主要任务是把微弱的信号电压进行放大，而功率放大电路的主要任务是不失真地放大信号功率，通常是在大信号状态下工作。

（2）工作状态：小信号电压放大电路在小信号状态下工作，功率放大电路是在大信号状态下工作。

（3）主要指标：小信号电压放大电路讨论的主要指标是电压放大倍数、输入电阻等，输出的功率并不一定大；功率放大电路讨论的主要指标是最大输出功率、电源效率、放大管的极限参数及电路防止失真的措施。

3. 功率放大电路的特点

（1）主要任务是不失真地放大信号的功率，既要放大电压又要放大电流，通常电压放大由前置放大电路完成，而输出级进行电流放大，所以功率放大电路是工作在大信号状态下的。

（2）要求有足够的输出功率。

（3）效率要高。

（4）失真要小。

（5）功率放大管的散热要好。

4. 功率放大电路的分类

（1）按功率放大管静态工作点设置分类。根据晶体管静态工作点 Q 在交流负载线上的位置不同，可分为甲类、乙类、甲乙类。

1）甲类：静态工作点 Q 设置在交流负载线的中点附近，输出信号无失真，但效率较低，最高只能达到 50％。

2）乙类：静态工作点 Q 设置在交流负载线的截止点，要用两个晶体管组合起来交替工作才可输出完整的全波信号。

3）甲乙类：静态工作点 Q 介于甲类和乙类之间，有波形失真但可克服，是实用的功率放大电路经常采用的方式。

（2）按耦合方式分类。

1）阻容耦合功率放大电路：主要用于甲类的末级放大电路，通常向负载提供的功率不是很大。

2）变压器耦合功率放大电路：通过变压器耦合可起到阻抗匹配的作用，使负载获得最大功率。但由于变压器体积大、频率特性差，且不便于集成化，这种耦合方式的功率放大电路已逐渐被淘汰。

3）直接耦合的功率放大电路：包括双电源互补对称电路（OCL）、单电源互补对称电路（OTL）、集成功率放大电路，是目前电子产品末级放大电路中应用较广泛的电路形式。

## 二、双电源互补对称电路（OCL）

1. 电路结构

如图 5－1 所示，要求 $VT_1$ 与 $VT_2$ 管的特性参数要基本相同，特别是电流放大倍数 β 要一致，否则放大后信号正负半周的幅度将出现差异。

2. 电路特点

双电源供电，会产生交越失真，静态时 A 点电位为零，输出直接接负载。

3. 工作原理

（1）在输入信号 $v_i$ 的正半周，$VT_1$ 管发射结正偏而导通，$VT_2$ 管发射结反偏而截止，产生电流 $i_c$ 经负载 $R_L$ 形成输出电压的 $v_o$ 正半周。

（2）在输入信号 $v_i$ 的负半周，$VT_1$ 管发射结反偏而截止，$VT_2$ 管发射结正偏而导通，产生电流 $i_c$ 经负载 $R_L$ 形成输出电压的 $v_o$ 负半周。

（3）如此反复，$VT_1$ 管与 $VT_2$ 管交替导通，分别放大信号的正、负半周，由于工作特性对称，互补了对方的工作局限，使之能向负载提供完整的输出信号。

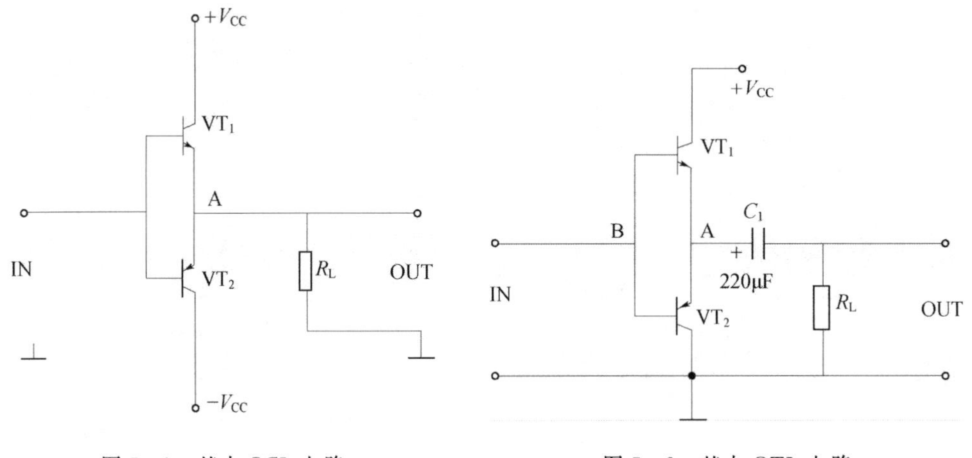


图 5-1　基本 OCL 电路　　　　图 5-2　基本 OTL 电路

4. 输出功率和效率

（1）最大输出功率 $P_{om}=\frac{V_{CC}^2}{8R_L}$

（2）理想效率：$\eta=\frac{P_{om}}{P_{DC}}=78.5\%$

## 三、单电源互补对称电路（OTL）

1. 电路结构

电路结构如图 5-2 所示。

2. 电路特点

单电源供电；输出经电容耦合（除耦合作用外还作为副电源使用）后接至负载；静态时 A 点和 B 点的电压均为电源电压的一半；会产生交越失真。

3. 工作原理

（1）输入交流信号 $v_i$ 为正半周时，由于 $v_B$ 电压升高，使 $VT_1$ 管导通，$VT_2$ 管截止，电源 $V_{CC}$ 通过 $VT_1$ 向耦合电容 $C_1$ 充电，并在负载 $R_L$ 上输出正半周波形。

（2）输入交流信号 $v_i$ 为负半周时，由于 $v_B$ 电压下降，使 $VT_1$ 管截止，$VT_2$ 管导通，耦合电容 $C_1$ 放电向 $VT_2$ 管提供电源，并在负载 $R_L$ 上输出负半周波形。

**注意：**$v_i$ 为负半周时，$VT_1$ 管截止，电源 $V_{CC}$ 无法继续向 $VT_2$ 供电，此时耦合电容 $C_1$ 利用其所充的电能代替电源向 $VT_2$ 管供电。虽然电容 $C_1$ 有时充电，有时放电，但因容量足够大，所以两端电压基本上维持在 $V_{CC}/2$。

（3）综上所述可知，$VT_1$ 管放大信号的正半周，$VT_2$ 管放大信号的负半周，在负载上叠加后形成完整的输出波形。

4. 输出功率和效率

（1）最大输出功率 $P_{om}=\dfrac{V_{CC}^2}{8R_L}$

（2）理想效率：$\eta=\dfrac{P_{om}}{P_{DC}}=78.5\%$

**【看一看】**

教师搭接如图 5－3 所示 OTL 电路。

在输入端输入 1kHz 的正弦信号，用示波器观察扬声器两端的信号波形，要求不失真即可，此时扬声器中有声音发出。

**【做一做】**

学生在实验箱上连接电路，注意 $R_w$、$C_4$ 要外接。将 1kHz 的正弦信号加至输入端，用示波器观察 $u_o$ 的波形。逐步将 $u_i$ 从 0V 慢慢增大，直至最大不失真，扬声器中会发出声音。

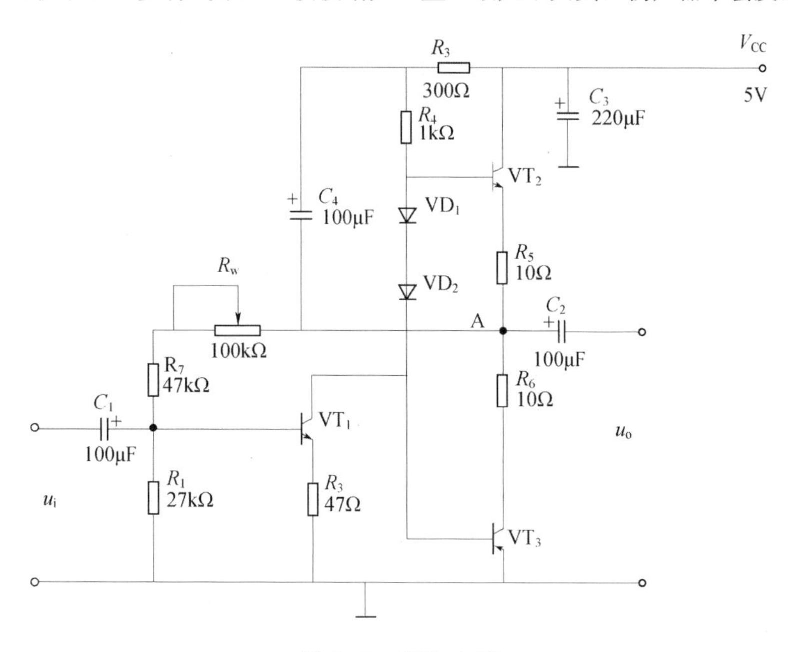


图 5－3 OTL 电路

**【读一读】**

**阅读内容：** 阅读《电子技术基础》（陈振源主编，第 2 版）第 113～114 页内容，掌握以下要点。

1. 功率放大电路的特点

（1）主要任务是不失真地放大信号的功率，既要电压放大又要电流放大，通常电压放大由前置放大电路完成，电流放大由输出级完成，所以功率放大电路是工作在大信号状态下。

（2）要求有足够的输出功率。

（3）效率要高。

（4）失真要小。

（5）功率放大管的散热要好。

2. 功率放大管的外形

功率放大管的外形如图 5－4 所示。

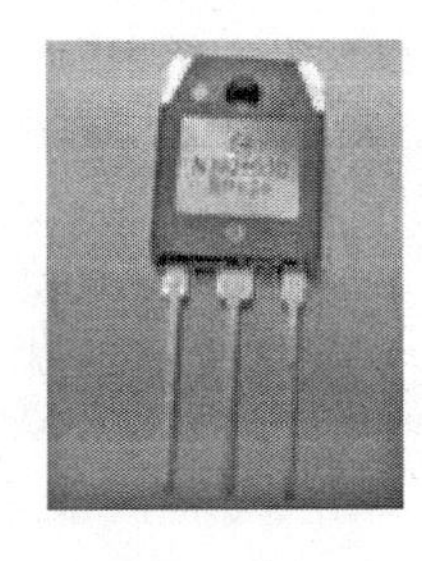

图 5－4　功率放大管的外形

**【想一想】**

（1）功率放大电路按静态工作点设置划分为哪几类？

（2）功率放大电路与小信号电压放大电路有哪些区别？

## 任务 2　OCL 电路的安装与调试

**【目标】**

（1）了解 OCL 电路的基本结构。

（2）学会 OCL 电路的安装及双电源的接法。

**【所需仪器设备】**

万用表一块、示波器一台、直流电压源一台、毫伏表一块、元件器若干个（也可用实验箱上的元件或实验板）、连接线若干。

**【做一做】**

在实验箱上连接如图 5－1 所示电路。

输入幅值为1V、频率为1kHz的正弦信号，$R_L$ 为扬声器。用示波器观察 $R_L$ 两端的电压波形，并比较 $v_i$ 与 $v_o$ 波形的区别，从而说明交越失真。

**【读一读】**

**阅读内容：**阅读《电子技术基础》（陈振源主编，第2版）第115～118页，掌握以下要点。

（1）OCL电路的结构特点。

（2）OCL电路的工作过程。

（3）OCL电路负载上的输出功率，效率的计算。

**【想一想】**

（1）OCL电路的结构有何特点？

（2）OCL基本电路存在什么问题？

**【知识扩展】**

（1）输出功率和效率的计算方法。

（2）功率放大管的选择。

## 任务3　OTL电路的安装与调试

**【目标】**

（1）熟悉OTL电路的基本结构。

（2）学会OTL电路的安装及测试方法。

**【所需仪器设备】**

万用表一块、示波器一台、直流电压源一台、毫伏表一块、元器件若干个（也可用实验箱上的元件或实验板）、连接线若干。

**【看一看】**

基本OTL电路的组成如图5-2所示。

输入幅值为1V、频率为1kHz的正弦信号，$R_L$ 为扬声器。用示波器观察 $R_L$ 两端的电压波形，并与输入信号 $u_i$ 波形比较。

**【做一做】**

学生用晶体管、电容器在实验箱上搭接如图5-2所示电路并进行测试。输入 $V_i$＝1.4V，测试输出电压的峰值及功率大小并记入表5-1。

**表 5-1**

| $V_i$ | $U_{om}$ | $P_{om}=\frac{U_{om}^2}{2R_L}$ |
|---|---|---|
| 1.4V（最大） | | |

**【做一做】**

在教师的指导下完成典型 OTL 功率放大器的组装与调试。

演示测量步骤如下：

(1) 静态时，用万用表测 A 点的直流电压，调节 $R_w$ 使 A 点的直流电压 $V_A=V_{CC/2=}$ 2.5V。

(2) 将万用表置于直流电流 25mA 挡，如图 5-5 所示串入电路中，接通电源，记下此时电流表的电流 $I_{CC}$，计算静态时电源的功耗 $P_{DC}$，并填入表 5-2。

**注意：**测完后将万用表置于 250mA 挡。

**表 5-2**

| 静态时电源电流 $I'_{CC}=$ | 静态时电源功耗<br>$P'_{DC}=V_{CC}I'_{CC}=$ | 计算此电路的效率<br>$\eta=\frac{P_{om}}{P_{DC}}=$ |
|---|---|---|
| 动态时电源电流<br>$I_{CC}=$ | 动态时电源功耗<br>$P_{DC}=V_{CC}I_{CC}=$ | |
| $U_{om}=$ | 负载获得得最大功率<br>$P_{om}=\frac{U_{om}^2}{2R_L}=$ | |

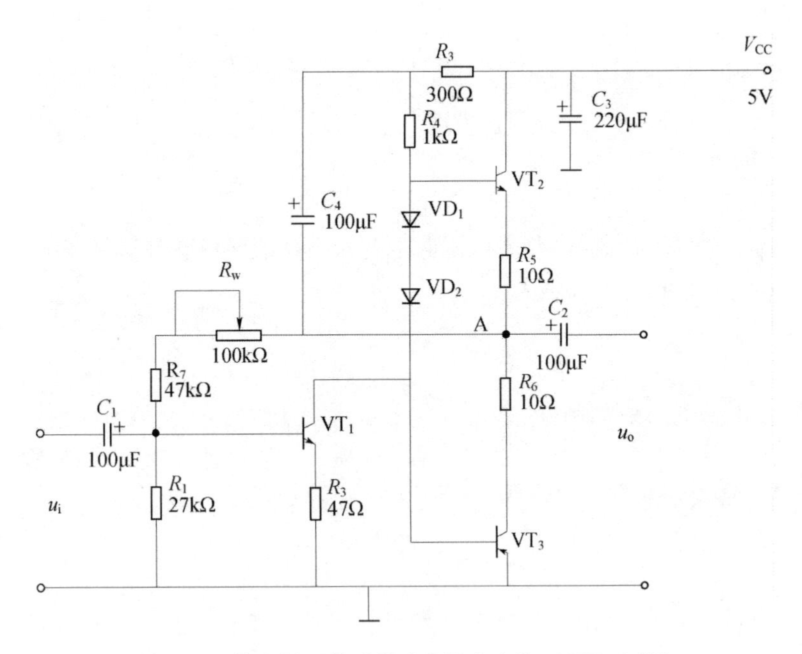


图 5-5　单电源互补对称功率放大电路（OTL 电路）

（3）在电路输入端接入频率为 1kHz 的正弦信号，逐步增大 $v_i$ 的幅值（增大后喇叭会响），使输出电压 $v_o$ 达到最大不失真（用示波器观察），测出此时的 $U_{om}$（最大峰值），根据公式 $P_{om}=\frac{U_{om}^2}{2R_L}$计算此时电路的最大输出功率，并与 $P_{om}=\frac{V_{CC}^2}{8R_L}$进行比较。根据公式 $\eta=\frac{P_{om}}{P_{DC}}$此电路的效率。

（4）把二极管 $VD_1$、$VD_2$ 短路，观察此时电路的输出电压波形，并记录下来。

**【读一读】**

**阅读内容：** 阅读《电子技术基础》（陈振源主编，第 2 版）第 119～121 页内容，掌握以下要点。

（1）OTL 功率放大电路的结构特点及工作过程。

（2）输出功率及效率的计算。

（3）典型电路分析。

1）第 121 页图 5－8 电路的组成。

图 5－8 为典型的 OTL 电路，它由激励放大级（放大电压）和功率放大输出级组成。激励放大级主要由 $V_1$、$R_{p1}$、$R_1$、$R_2$、$R_3$、$C_1$、$C_2$ 等元件组成，采用工作点稳定的分压式偏置放大电路。功率放大输出级的互补管是 $V_2$ 和 $V_3$，与激励级采用直接耦合方式。

2）主要元件的作用。

激励放大级：

$R_{p1}$为上偏置电阻，$R_1$ 为下偏置电阻，A 点的 $V_{CC}/2$ 电压通过 $R_{p1}$与 $R_1$ 分压为前置放大管 $V_1$ 提供基极电压。$R_{p1}$一端连接输出端，另一端连接输入端，因此还起了电压并联负反馈的作用，可以稳定表态工作点和提高输出信号电压的稳定度。

$R_2$ 是 $V_1$ 管的发射极电阻，起稳定静态电流的作用；$C_2$ 并联在 $R_2$ 上起交流旁路的作用，这样 $R_2$ 只起直流负反馈作用，而无交流负反馈，使放大倍数不会因 $R_2$ 而降低。

$R_3$ 是 $V_1$ 管的集电极电阻，可将放大的电流转换为信号电压，一端加至输出管 $V_2$ 和 $V_3$ 的基极（$R_{p2}$阻值较小，$V_4$ 动态电阻很小，因此对信号的流通影响不大），另一端通过 $C_4$ 加至 $V_2$、$V_3$ 的发射极，它为功率放大输出级提供足够的推动信号。

功率放大输出级：

$V_2$、$V_3$ 是互补功放管；$R_{p2}$、$V_4$ 可以克服交越失真，为 $V_2$、$V_3$ 的发射提供正向偏压，调节 $R_{p2}$可以调整输出管静态工作点，使之有合适的集电极电流。$R_4$、$C_4$ 组成自举电路，克服输出电压顶部失真的问题。

3）自举电路的作用是消除输出电压顶部失真。

原因：当输出端电压向 $V_{CC}$接近时，$V_2$ 管的基极电流较大，在偏置电阻 $R_3$ 上产生压降，使 $V_2$ 管的基极电压低于电源电压 $V_{CC}$，因而限制了其发射极输出电压的幅度，使输出信号顶部出现平顶失真。拉入较大电容量的电容 $C_4$ 后，$C_4$ 上充有上正下负的电压，可看作一个电源。当输出端 A 点电位升高时，$C_4$ 上端电压随之升高，使 $V_2$ 管的基极电位升高，基极可获得高于其截止电压的自举电压，即可克服输出电压顶部失真的问题。$R_4$

将电源 $V_{CC}$与 $C_4$ 隔开，使 $V_2$ 管的基极可获得高于电源电压 $V_{cc}$的自举电压。

**【想一想】**

（1）OTL 电路的结构与 OCL 的有哪些不同？

（2）典型 OTL 电路中怎样消除交越失真？

（3）典型 OTL 电路中的 $R_4$、$C_4$ 主要发挥什么作用？

**【知识拓展】**

复合管

（1）概念：把两个或两个以上的晶体管的电极适当地连接起来，等效一个管子使用，即为复合管。

（2）连接成复合管的原则如下：

1）必须保证两只管子各极电流都能顺着各个管的正常工作方向流动。

2）前管的 C、E 极只能与后管的 C、B 极连接，而不能与后管的 B、E 极连接，否则前管的 $V_{CE}$会受到后管的 $V_{BE}$的钳制，无法使两管获得合适的工作电压。

（3）复合管的主要特点：

1）复合管的电流放大倍数 $\beta$ 近似为两管的 $\beta$ 值之积，即 $\beta=\beta_1\beta_2$。

2）复合管是 NPN 型还是 PNP 型，决定于前一只管子的类型。

3）前一只管子的基极作为复合管的基极，依据前一只管子的发射极与集电极来确定复合管的发射极与集电极。

## 任务 4　集成功率放大器的安装与调试

**【目标】**

（1）了解集成电路的特点。

（2）了解集成功率放大电路的框图。

（3）熟悉集成功率放大器的组装与调试。

**【所需仪器设备】**

万用表一块、示波器一台、直流电压源一台、毫伏表一块、元器件若干个（也可用实验箱上的元件或实验板）、连接线若干。

**【基本知识】**

认识集成电路。

（1）特点：集成电路是将二极管、晶体管、电阻和小电容等元器件和导线集中制作在一块半导体晶片上，从而缩小体积和质量，降低成本，提高电路工作的可靠性。

（2）分类：按集成度可分为小规模、中规模、大规模和超大规模集成电路。

（3）封装形式：SIP（单列直插式）、DIP（双列直插式）、PGA（针栅阵列封装）、SOP（小外形封装）、QFP（四边扁平封装）、BGA（球栅阵列）、TCP（带载封装）、CSP（芯片规模封装）。

（4）集成电路引脚编号排列的识读方法是：面对集成电路印有型号字体的表面，从有标记端的左侧第 1 脚起逆时针依次为 1、2、3、4……，读完一侧后逆时针转至另一侧再读。

（5）结构：输入级（差分放大器）、中间放大级（由共射电路构成，为输出级提供足够大的信号电压）和输出级（采用互补对称功率放大电路）。

**【做一做】**

在教师的指导下搭接由 LM386 集成功率放大器构成的电路，如图 5－6 所示。

（1）把开关 S 断开，测量输出信号的最大不失真峰值 $U_{om}$，根据公式 $P_{om}=\frac{V_{cc}^2}{8R_L}$计算此电路的最大不失真功率。测量此时电源的电流，根据公式 $P_{DC}=V_{CC}I_s$ 计算电源的功率。根据公式 $\eta=\frac{P_{om}}{P_{DC}}$计算此电路的效率。

（2）把开关 S 闭合，测量输出信号的最大不失真峰值 $U_{om}$，根据公式 $P_{om}=\frac{V_{CC}^2}{8R_L}$计算此电路的最大不失真功率。测量此时电源的电流，根据公式 $P_{DC}=V_{CC}I_s$ 计算电源的功率。根据公式 $\eta=\frac{P_{om}}{P_{DC}}$计算此电路的效率。

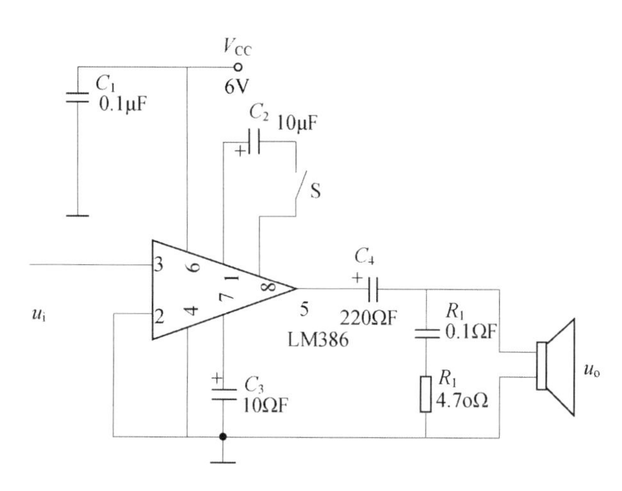


图 5－6　集成功率放大器

**【读一读】**

**阅读内容：**阅读《电子技术基础》（陈振源主编，第 2 版）第 125～126 页，掌握以下要点。

（1）集成功率放大电路的组成。

（2）集成电路的基本特点。

**【想一想】**

（1）集成功率放大电路的框图。

（2）集成电路的基本特点。

**【知识拓展】**

（1）集成电路的特点及分类。

（2）集成电路的引脚识别。

# 项目六 集成运算放大器

**【学习目标】**

（1）认识集成运算放大器的电路结构；掌握集成运算放大电路的特点及性能。

（2）学会使用万用表对集成运算放大电路进行测量分析的方法。

**【项目概述】**

本项目分为三个任务，主要介绍集成运算放大器的电路结构、集成运算放大电路的特点及性能。帮助学生具备使用万用表对集成运算放大电路进行测量分析的能力。同时培养学生自主学习的能力以及文献检索、资料查找与阅读的能力，并为学生的可持续发展打下良好的基础。

## 任务1　认识集成运算放大器

**【目标】**

（1）了解集成运算放大器的电路结构及电路的组成形式。

（2）学会集成运算放大器的引脚识别。

**【所需仪器设备】**

万用表一块、示波器一台、直流电压源一台、毫伏表一块、元器件若干个（也可用实验箱上的元件或实验板）、连接线若干。

**【基本知识】**

集成运算放大器是一种高电压放大倍数（开环电压增益几万至几千万倍）的多级直接耦合放大器。

应用：反相放大器、同相放大器、差分放大器（减法器）、加法器、电压跟随器。

**【看一看】**

1. 集成运算放大器 CF741 实物及引脚识别

各引脚（见图 6－1）功能如下：

1 脚：调零。

2 脚：反相输入。

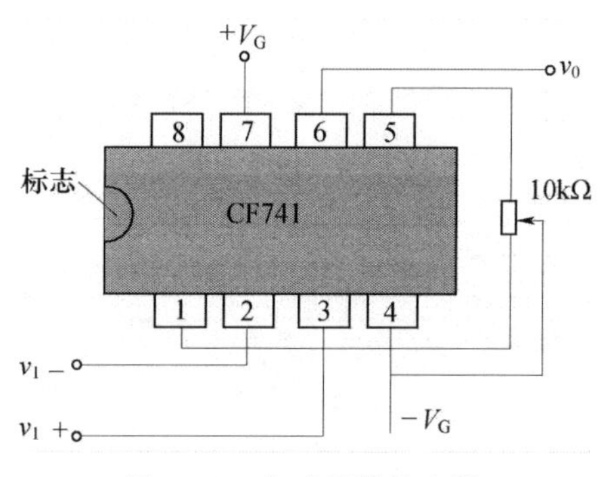


图 6-1　集成运算放大器

3 脚：同相输入。

4 脚：负电源。

5 脚：调零。

6 脚：输出端。

7 脚：正电源。

8 脚：空脚。

2. 反相放大器的构成

在实验箱上按图 6-2 连接电路，电源采用＋12V 双电源。

（1）电路结构特点：输入信号 $v_i$ 从运算放大器的反相输入端加入。输出电压 $v_o$ 与输入电压 $v_i$ 反相。

（2）电路的电压放大倍数：$A_{vf}=-\dfrac{R_f}{R_1}=-10$

电路的输出电压：$v_o=-10v_i$

反相：两信号的初相位相差 180°，如图 6-3 所示。

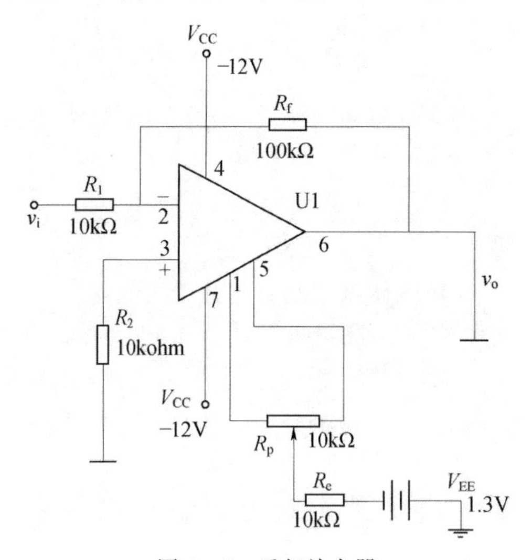


图 6-2　反相放大器

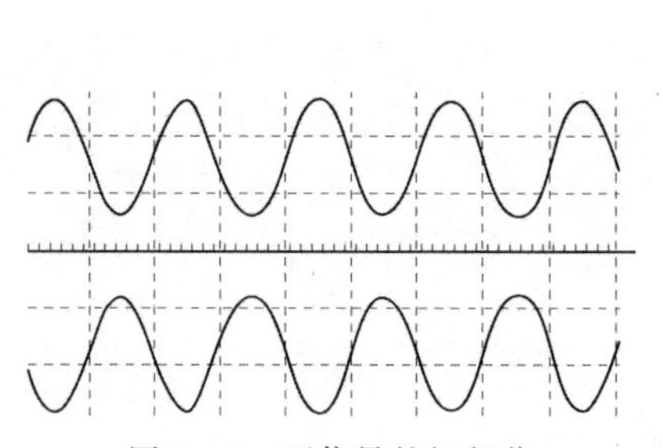

图 6-3　两信号的初相位

【测试内容】

（1）调零：将输入端接地，调电位器 $R_p$，使输出电压 $V_o=0V$（用万用表直流电压挡测量）。

（2）将接地的输入端断开，再将 $V_i$ 输入表 6－1 中的正弦交流信号（频率为 1kHz），用示波器观测 $V_o$ 的波形，并测出 $V_o$ 的峰值，填入表 6－1。

**表 6－1**

| $V_i$（峰值） | 0 | 30mV | 50mV | 100mV |
|---|---|---|---|---|
| $V_o$（峰值） | | | | |
| $A_u=\frac{V_o}{V_i}$ | | | | |

（3）用双踪示波器同时观察 $V_i$、$V_o$ 的波形并记录下来，说明 $V_o$ 与 $V_i$ 的相位关系。

【做一做】

学生分组按图 6－2 所示电路在实验箱上进行组装，并按上述测试内容进行测试。

【读一读】

**阅读内容：**阅读《电子技术基础》（陈振源主编，第 2 版）第 133～143 页内容，掌握以下要点。

### 一、集成运算放大器的概念

集成运算放大器是一种高电压放大倍数（开环电压增益几万至几千万倍）的多级直接耦合放大器。

### 二、集成运算放大器的组成

集成运算放大器的组成框图如图 6－4 所示。

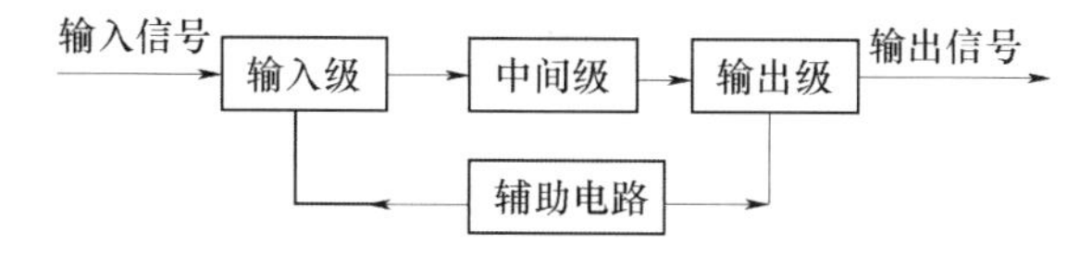


图 6－4　集成运算放大器的组成

1. 输入级

采用带恒流源的差分放大器。

（1）恒流源（见图 6－5）。

1）恒流源的作用：①为放大电路提供稳定的偏置电流；②作为放大电路的有源负载，增大放大倍数和动态范围（因为电流源具有直流电阻小而交流电阻很大的特点）。

2）恒流源的种类：单晶体管电流源、镜像电流源。

（2）差分放大器。

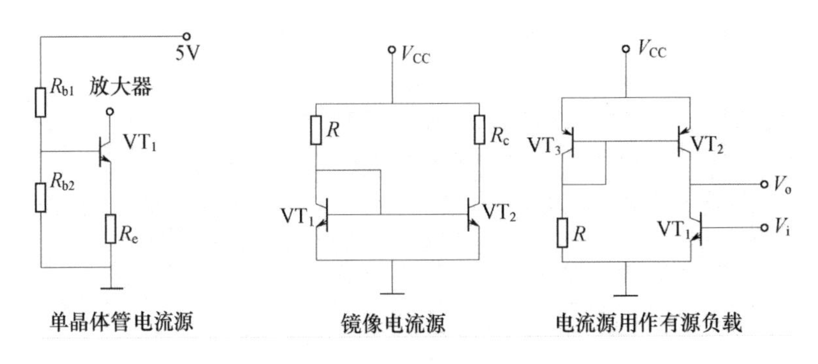


图 6-5　恒流源

1）差分放大器的作用：抑制零点漂移，保证输入为零电压时，输出能基本维持在零电压不变。

2）零点漂移现象：将直流放大器输入端对地短路时，输出电压不为 0。

3）零点漂移的原因：电源电压波动、晶体管参数随温度变化（主要原因）。

4）抑制零点漂移的方法：采用高稳定度的稳压电源供电；利用恒温系统来消除温度变化的影响；利用两只特性相同的晶体管接成差分放大器（最常用）。

（3）基本差分放大器。电路组成如图 6-6 所示。

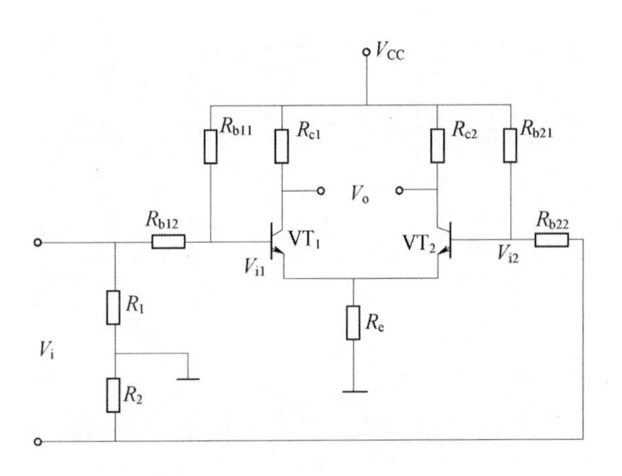


图 6-6　基本差分放大器

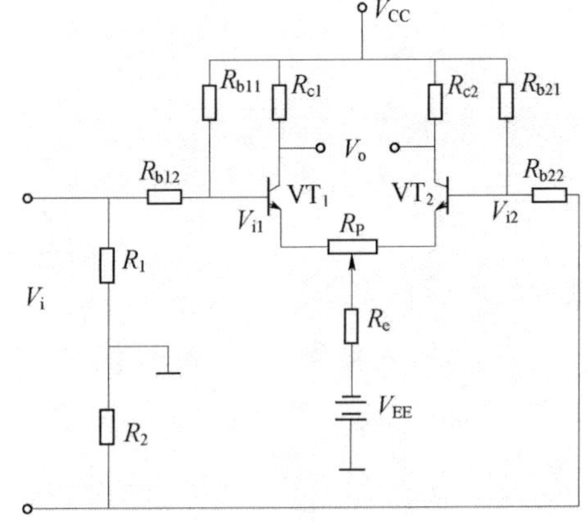


图 6-7　典型差分放大器

抑制零点漂移的原理如下：

当晶体管 $VT_1$、$VT_2$ 及外部元件完全对称时，在 $V_i=0$ 时，$V_o=0$。温度变化引起两只晶体管同时变化，由于电路对称，所以 $V_o=0$。

差模输入（两个输入端加入信号大小相等、极性相反）：$V_{i1}=\frac{1}{2}V_i \quad V_{i2}=-\frac{1}{2}V_i$

差模输入的电压放大倍数 $A_{VD}=A_{V1}=A_{V2}$（抑制零点漂移的代价：用多一倍的元件。）

共模输入（两个输入端一对信号大小相等、极性相同的信号）。

共模输入的电压放大倍数 $A_{VC}=V_o/V_i=0$（理想状态），越小越好。

共模抑制比 $K_{CMR}$：用来衡量放大器对有用信号的放大能力及对无用漂移信号的抑制

能力。

$K_{CMR}=A_{VD}/A_{VC}$（理想状态为无穷大），越大越好。

（4）典型差分放大器（见图 6－7）。

电位器 $R_P$：当输入信号 $V_i=0$ 时，调 $R_P$ 使 $V_o=0$。

$R_e$：引入共模负反馈，提高对共模信号的抑制能力（$R_e$ 值越大，对共模信号的抑制能力越强）。

负电源 $V_{EE}$：补偿 $R_e$ 上的直流压降，使放大电路既可选用较大的 $R_e$ 值，又有合适的静态工作点。通常负电源 $V_{EE}$ 与正电源 $V_{CC}$ 的电压值相等。

具有恒流源的差分放大器，如图 6－8 所示。

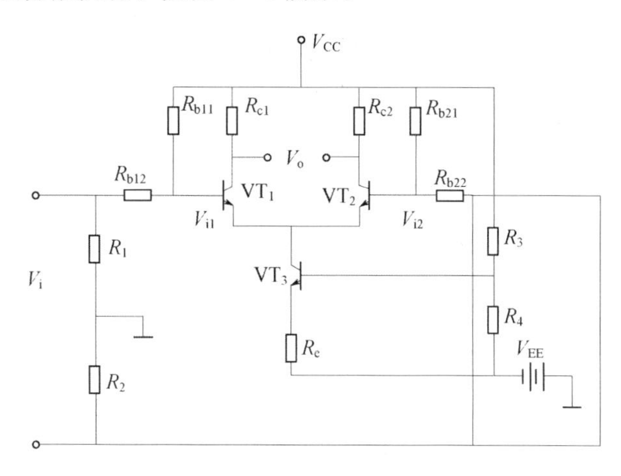


图 6－8　具有恒流源的差分放大器

引入恒流源的原因：$R_e$ 值越大，抑制零点，漂移的效果越好，但负电源的电压要加大，负电源的电压取值太大不现实。因恒流源有直流电阻小、交流电阻很大的特点，可用恒流源代替 $R_e$，既可达到提高抑制零点漂移效果，又无需提高负电源电压值的功能。

2. 中间级

主要用来进行电压放大，要求有高的电压放大倍数，一般由共射电路构成。

3. 输出级

通常采用互补对称放大电路（它可减小输出电阻，提高电路的带负载能力）。为了防止负载短路或过载时造成损坏，输出级往往还附有保护电路。

4. 辅助电路

目的——为使各级放大电路得到稳定的直流偏置。

采用电路——外接调零电路、消除自激振荡的 RC 相移补偿环节电路。

**【想一想】**

（1）集成运算放大器主要由哪几部分组成？

（2）什么是零点漂移？引起零点漂移的主要因素有哪些？

（3）差动式放大器是怎样抑制零点漂移的？

（4）什么是差模信号？什么是共模信号？

**【知识拓展】**

1. 差动式放大器的四种输入输出方式介绍（见图 6-9～图 6-12）

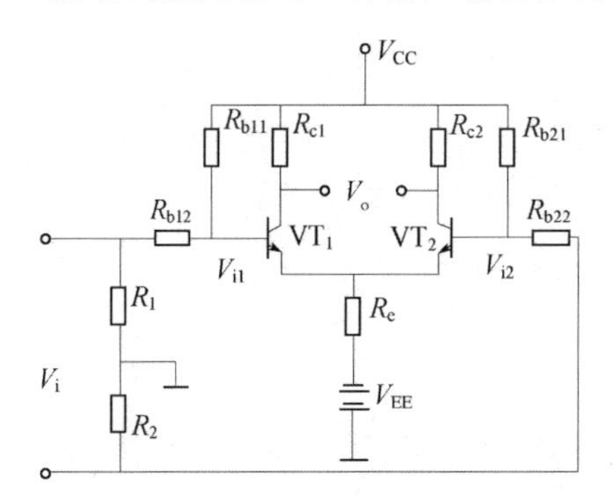


图 6-9　双端输入、双端输出差分放大器

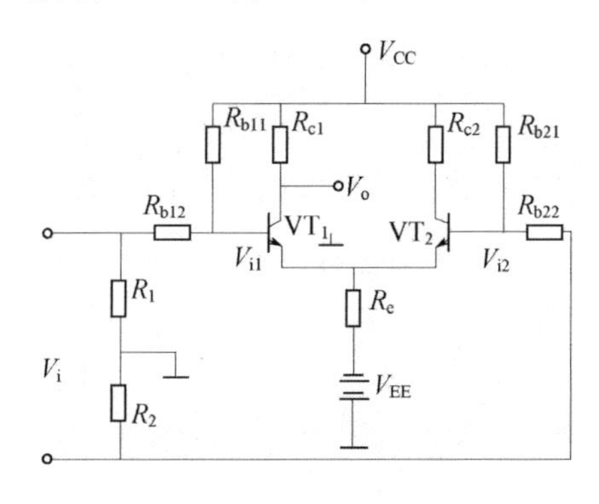


图 6-10　双端输入、单端输出差分放大器

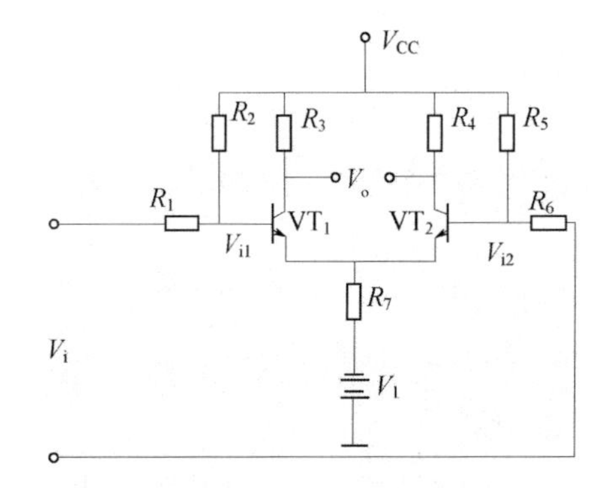


图 6-11　单端输入、双端输出差分放大器

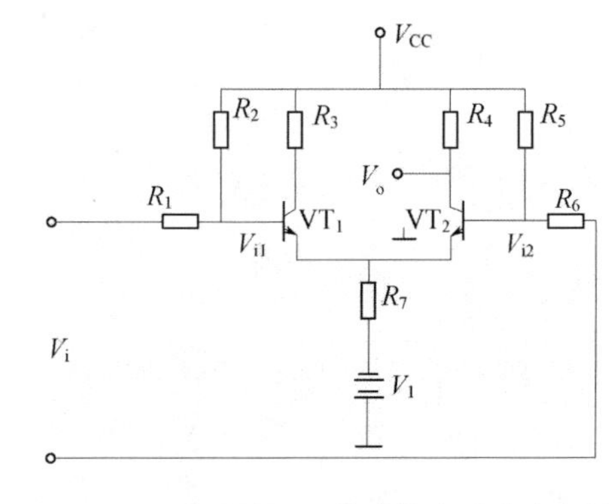


图 6-12　单端输入、单端输出差分放大器

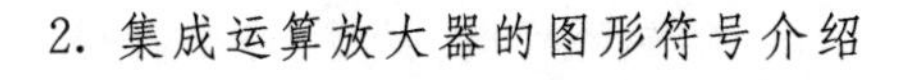

2. 集成运算放大器的图形符号介绍

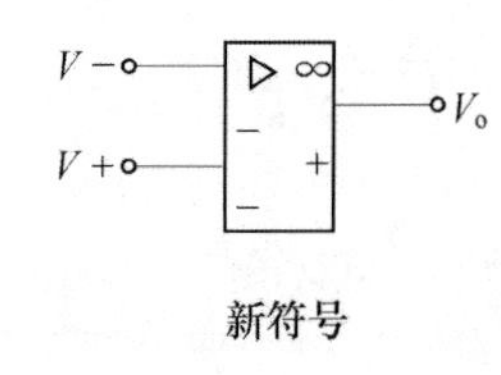


新符号

$V+$ 1 + 3 $V_o$ $V-$ 2 −

旧符号

3. 集成运算放大器的理想特性

开环（无外加反馈时）增益 $A_{VD}=\infty$

差模输入电阻 $r_{id}=\infty$

开环输出电阻 $r_{od}=0$

开环带宽 $B_W=\infty$

4. 集成运算放大器构成应用电路（线性放大器）时的条件

必须引入负反馈。

理想集成运算放大器构成线性放大器的两个重要结论：

(1) 同相输入端的电位等于反相输入端的电位，即 $V_+=V_-$，当有一个输入端接地时，另一个输入端非常接近地电位，称为“虚地”。

（2）输入电流等于零，即 $i_{+}=i_{-}=0$，因为理想集成运算放大器的输入电阻 $r_{id}=\infty$。

5. 反相输入式放大器的理论计算方法

电路的电压放大放大倍数：$A_{vf}=-\dfrac{R_f}{R_1}$

电路的输出电压：$V_o=-\dfrac{R_f}{R_1}V_i$

## 任务 2　集成运算放大器应用电路——同相放大器

**【目标】**

（1）掌握同相放大器的特点及性能。

（2）学会集成电路的连接方法及测试方法。

**【所需仪器设备】**

万用表一块、示波器一台、直流电压源一台、毫伏表一块、元件器若干个（也可用实验箱上的元件或实验板）、连接线若干。

**【看一看】**

同相放大器如图 6-13 所示。

电路结构特点：输入信号 $V_i$ 从运算放大器同相输入端加入。

电压放大倍数：$A_v=1+\dfrac{R_f}{R_1}=11$

电路的输出电压：$V_o=\left(1+\dfrac{R_f}{R_1}\right)V_i=11V_i$

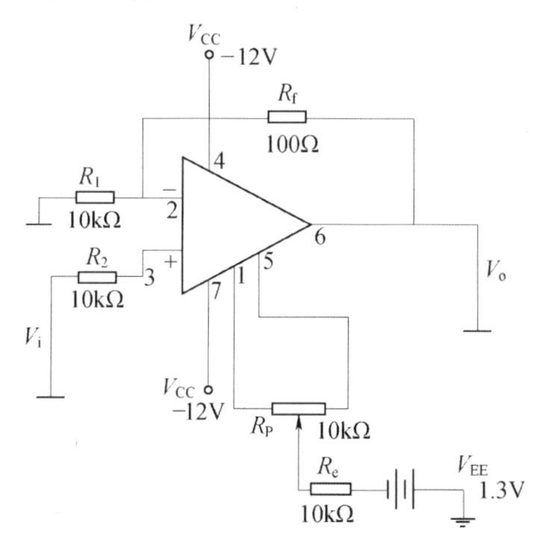


图 6-13　同相放大器

【测试内容】

（1）调零：将输入端接地，调电位器 $R_p$，使输出电压 $V_o=0V$（用万用表直流电压挡测量）。

（2）按表 6－2 的要求分别输入直流电压 $V_i$，测量输出电压 $V_o$，将相应的测量结果记入表 6－2 中。

**表 6－2**

| 直流输入 $V_i$（V） | | 0 | 0.1 | 0.3 | 0.5 | 1 |
|---|---|---|---|---|---|---|
| 输出电压 $V_o$（V） | 实测值 | | | | | |
| | 理论值 | | | | | |

（3）按表 6－3 的要求输入频率为 1kHz 的正弦信号，用示波器测量 $V_o$ 的峰值及波形记入表 6－3。

**表 6－3**

| 1kHz 正弦 $V_i$（峰值） | | 10mV | 50mV | 0.1V |
|---|---|---|---|---|
| 输出电压 $V_o$ | 实测值 | | | |
| | 理论值 | | | |

（4）电压跟随器电路测试。

1）按图 6－14 搭接电路图。电路结构特点：电压跟随器可以看成是同相放大器的一种特例，将反馈 $R_f$ 短路，$R_1$ 开路（不接），使输出电压全部反馈到输入端。输入信号不经 $R_2$ 直接加到运算放大器的同相输入端。电压放大倍数：$A_v=1$，输出电压 $V_o=V_i$。

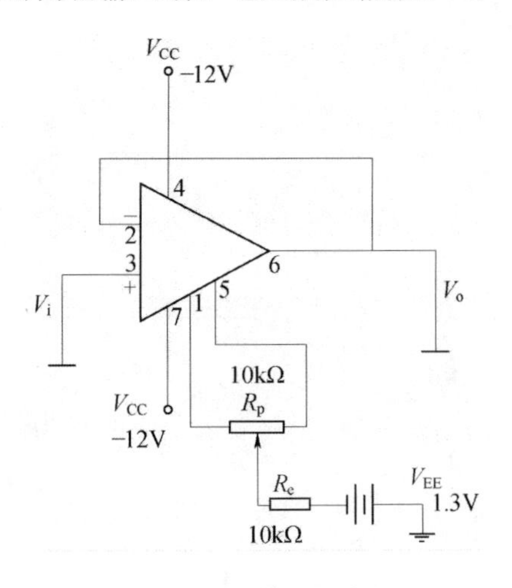


图 6－14　电压跟随器

2）调零：将输入端接地，调电位器 $R_p$，使输出电压 $V_o=0V$（用万用表直流电压挡测量）。

3）按表 6－4 的要求分别输入直流电压 $V_i$，测量输出电压 $V_o$，将相应的测量结果记入表 6－4 中。

**表 6－4**

| 直流输入 $V_i$（V） | | －2 | －0.5 | 0 | 0.5 | 1 |
|---|---|---|---|---|---|---|
| 输出电压 $V_o$（V） | $R_L=\infty$ | | | | | |
| | $R_L=5.1k\Omega$ | | | | | |

**【做一做】**

学生按上述步骤进行同相放大器和电压跟随器电路的搭建、测量。

**【读一读】**

**阅读内容：**阅读《电子技术基础》（陈振源主编，第 2 版）第 144～146 页，掌握以下要点。

（1）同相放大器的电路结构特点。

输入信号 $V_i$ 从运算放大器同相输入端加入，为使输入端保持平衡，平衡电阻 $R_2$ 阻值应与 $R_1$ 和 $R_f$ 并联的阻值相等。

（2）电压放大倍数为 $A_v=1+\frac{R_f}{R_1}$

电路的输出电压：$V_o=\left(1+\frac{R_f}{R_1}\right)V_i$

（3）集成运放大器既可放大交流信号，也可放大直流信号。

**【想一想】**

同相放大器的 $V_o$与 $V_i$的相位关系应为 $V_o$与 $V_i$同相。

**【知识拓展】**

（1）同相输入式放大器的特例——电压跟随器的特点及电压放大倍数的计算方法。

电路结构特点：电压跟随器可以看成是同相放大器的一种特例，将反馈 $R_f$ 短路，$R_1$ 开路（不接），使输出电压全部反馈到输入端。输入信号不经 $R_2$ 直接加到运算放大器的同相输入端。

电压放大倍数：$A_v=1$

输出电压：$V_o=V_i$

（2）差分放大器的电路结构及分析。

电路如图 6－15 所示。

电路特点：双端输入，$R_3$ 为平衡电阻。

电压放大倍数：$A_v=\frac{R_f}{R_1}$

输出电压：$V_o=(V_{i2}-V_{i1})\frac{R_f}{R_1}$

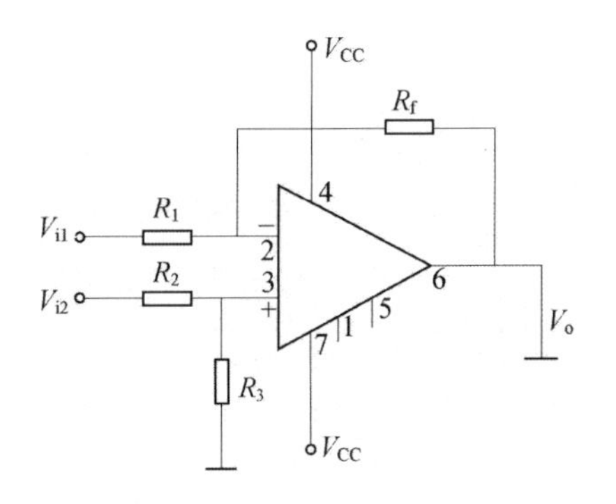


图 6-15　差分放大器

## 任务 3　加法器的组装与调试

**【目标】**

（1）熟悉集成运算放大器构成的加法器的电路结构。

（2）学会集成块连接电路。

**【所需仪器设备】**

万用表一块、示波器一台、直流电压源一台、毫伏表一块、元器件若干个（也可用实验箱上的元件或实验板）、连接线若干。

**【看一看】**

电路如图 6-16 所示。

电路结构特点：在反相放大器的基础上增加几路输入信号。当 $R_1=R_2$ 时，电压放大倍数为 $A_v=-\dfrac{R_f}{R_1}$，输出电压为 $V_o=-(V_{i1}+V_{i2})\dfrac{R_f}{R_1}=-10(V_{i1}+V_{i2})$。

**【测试内容】**

（1）调零：将输入端接地，调电位器 $R_p$，使输出电压 $V_o=0V$（用万用表直流电压挡测量）。

（2）按表 6-5 的要求分别输入直流电压 $V_i$，测量输出电压 $V_o$，将相应的测量结果记入表 6-5 中。

**表 6-5**

| $V_{i1}$ | 0 | −0.3V | 0.3V |
|---|---|---|---|
| $V_{i2}$ | 0 | 0.2V | 0.2V |
| $V_o$ | | | |

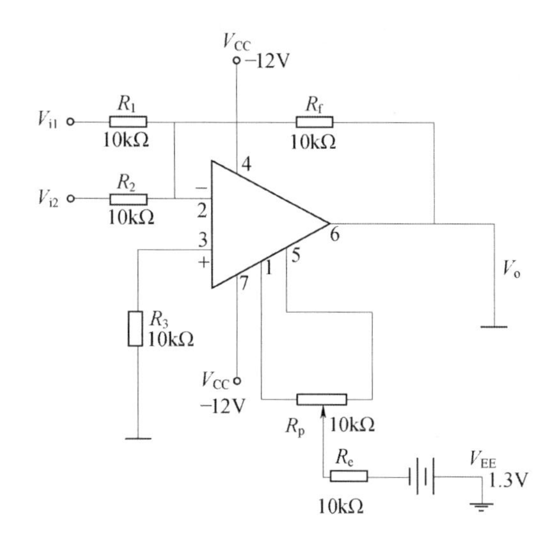


图 6－16　加法器构成电路

**【做一做】**

学生按图 6－16 连接电路，并按上述测试内容和步骤进行测试。

**【读一读】**

**阅读内容：**阅读《电子技术基础》（陈振源主编，第 2 版）第 148～150 页，掌握以下要点。

（1）加法运算电路的结构特点：在反相放大器的基础上增加几路输入信号。

（2）加法运算电路的输出电压 $V_o$ 的计算方法。

输出电压：$V_o = -(V_{i1} + V_{i2})\dfrac{R_f}{R_1}$

**【想一想】**

（1）加法运算电路的结构特点。

（2）加法运算电路的输出电压 $V_o$ 的计算方法。

**【知识拓展】**

（1）减法器的电路结构及分析。减法器的电路特点：减法器其实就是差分放大器（见图 6－15）。

当 $R_1 = R_2$ 时，输出电压为 $V_o = (V_{i2} - V_{i1})\dfrac{R_f}{R_1}$。

（2）反相放大器的特例——反相器的特点。

反相放大器的输出电压为 $V_o = -\dfrac{R_f}{R_1}V_i$。

反相器的特点：当 $R_1=R_f$ 时，$V_o=-V_i$。

（3）三种输入形式及其特点。

反相输入：输入信号 $V_i$ 从运算放大器的反相输入端输入。

$V_o=-\frac{R_f}{R_1}V_i$，$V_o$ 与 $V_i$ 反相。

同相输入：输入信号 $V_i$ 从运算放大器的同相输入端输入。

$V_o=\left(1+\frac{R_f}{R_1}\right)V_i$，$V_o$ 与 $V_i$ 同相。

双端输入：输入信号 $V_{i1}$、$V_{i2}$ 分别从运算放大器的反相输入端、同相输入端输入。

$V_o=(V_{i2}-V_{i1})\frac{R_f}{R_1}$，$V_o$ 与（$V_{i2}-V_{i1}$）同相。

# 项目七
# 正弦波振荡器

**【学习目标】**

（1）认识正弦波振荡器的分类；掌握正弦波振荡电路的组成、元件作用及振荡条件。

（2）会使用万用表、示波器对正弦波振荡电路进行测量分析。

**【项目概述】**

本项目中设有4个任务，主要介绍正弦波振荡器的分类、正弦波振荡电路的组成、元件作用及振荡条件。帮助学生具备使用万用表、示波器对正弦波振荡电路进行测量分析的能力。同时培养学生自主学习的能力以及文献检索、资料查找与阅读的能力，并为学生可持续发展打下良好的基础。

## 任务1　认识正弦波振荡器

**【目标】**

（1）了解什么是正弦波振荡器。

（2）熟悉正弦波振荡器的电路组成、元件作用及振荡条件。

**【所需仪器设备】**

万用表一块、示波器一台、直流电压源一台、毫伏表一块、元器件若干个（也可用实验箱上的元件或实验板）、连接线若干。

**【基本知识】**

1. 什么是振荡器

振荡器是一种能量转换装置，它无需外加信号，就能自动将直流电能转换成具有一定频率、一定幅值和一定波形的交流信号。

2. 正弦波振荡器的组成

正弦波振荡器主要由放大电路、选频电路和反馈电路三部分组成。

（1）放大电路：利用晶体管的电流放大作用使电路具有足够的放大倍数。

（2）选频电路：仅对某个特定频率的信号产生谐振，从而保证正弦波振荡器具有单一的工作频率。按选频电路组成元件不同，可分为 $LC$ 振荡器、$RC$ 振荡器及石英晶体振荡器。

（3）反馈电路：将输出信号正反馈到放大电路的输入端作为输入信号，使电路产生自激振荡。

3. 自激振荡的过程

当振荡器接通电源的瞬间，电路受到扰动，在放大器的输入端将产生一个微弱的扰动电压 $V_i$，经放大器放大、选频后，通过正反馈网络回送到输入端，形成放大、选频、正反馈、再放大的过程，使输出信号的幅度逐渐增大，振荡便由小到大地建立起来。当振荡信号幅度达到一定数值时，由于晶体管非线性区域的限制作用，使管子的放大作用减弱，即电路的放大倍数下降，振幅也就不再增大，最终使电路维持稳幅振荡。

4. 自激振荡的条件

振荡器要产生自激振荡必须同时满足下列两个条件：

（1）相位平衡条件——正反馈。反馈电压的相位与输入电压的相位同相，即为正反馈，定义为

$$\varphi=2n\pi$$

式中：$\varphi$ 为反馈电压 $V_f$ 与输入电压 $V_i$ 的相位差。

（2）振幅平衡条件——反馈电压的幅度与输入电压的幅度相等。

当 $V_i=V_f$ 时，电路可产生振荡。

因：$V_o=A_uV_i$，$V_f=FV_o=FA_uV_i$，为保证 $V_f \geqslant V_i$，则 $FA_u \geqslant 1$。

5. $RC$ 桥式（文氏桥）振荡器的基本知识

（1）电路组成（见图 7－1）：由同相放大器和具有选频作用的 $RC$ 串并联正反馈网络（选频网络）组成。

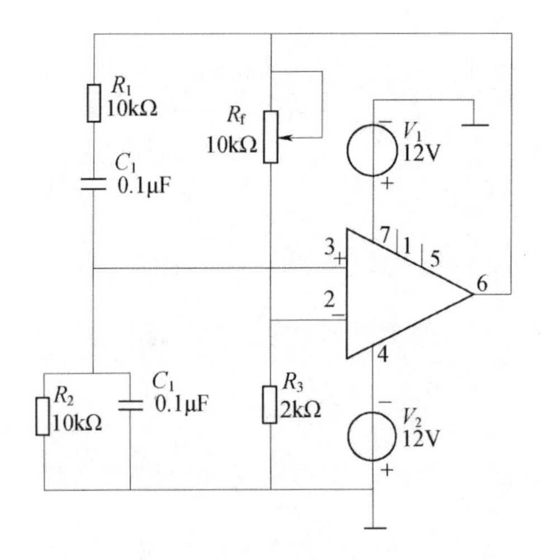


图 7－1　$RC$ 桥式振荡器

$RC$ 串并联选项频网络：一般取 $R_1=R_2=R$，$C_1=C_2=C$。

反馈电阻 $R_f$：常采用具有负温度系数的热敏电阻，以便顺利起振。当振荡器的输出幅度增大时，流过 $R_f$ 的电流增强，随热敏电阻的温度上升其电阻变小，使放大器的增益下降，这将自动调节振荡输出信号使之趋于稳定。

电路的选频特性如图 7－2 所示。当输入信号 $V_i$ 的频率等于选频频率 $f_0$ 时，输出电压 $V_o$ 幅值达到最高值 $V_i/3$，而且相位差为零。此电路满足自激振荡的相位平衡条件。只要由 LM741 组成的放大电路的放大倍数达到 3 倍以上，此电路就满足自激振荡的振幅条件，就能起振。

$$\text{选频频率 } f_0=\frac{1}{2\pi RC}=159\text{Hz}$$

（2）振荡原理。集成运算放大器 LM741 组成同相放大电路，6 引脚输出频率为 $f_0$ 的信号通过 $RC$ 串并联网络反馈到放大器的输入端 3 引脚。此电路满足自激振荡的相位平衡条件和振幅条件，因此，电路对信号中频率为 $f_0$ 的分量能够产生自激振荡，而其他的频率分量由于选频网络的作用，反馈电压低，相位差不为零，则不产生自激振荡。

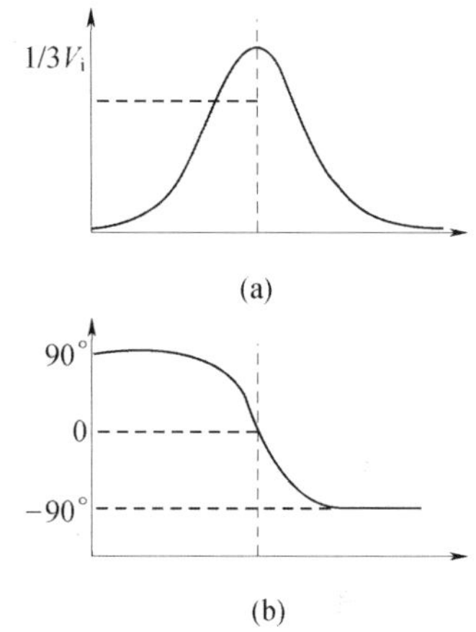

1/3$V_i$

(a)

90°
0
−90°

(b)

图 7－2　选频特性曲线

（a）幅频特性曲线；（b）相频特性曲线

**【看一看】**

教师按图 7－1 连接电路，用示波器观察运算放大器引脚 6 的输出电压的波形，要求输出电压不失真（可通过调 $R_f$ 实现）。并用示波器测量输出电压的频率（也可用频率计测量）和峰值。

**【做一做】**

学生按图 7－1 电路在实验箱上进行连接，用示波器测输出信号的波形、周期及频率，并与理论计算值比较。

## 任务 2　*RC* 振荡器制作与调试

**【目标】**

（1）学会 $RC$ 振荡器的组装。

（2）熟悉电路的结构特征，学会测量、调试电路。

**【所需仪器设备】**

万用表一块、示波器一台、直流电压源一台、毫伏表一块、元器件若干个（也可用实验箱上的元件或实验板）、连接线若干。

**【看一看】**

按图 7－3 连接电路。

测试内容如下：

（1）静态工作点的调试。

分别测量 $VT_1$、$VT_2$ 两管的静态工作点，$V_{CE1}$、$V_{CE2}$ 在 6V 左右即可。

（2）开环电压放大倍数的测试。

断开反馈电阻 $R_1$，在 $A$ 点输入峰峰值为 0.2V、频率为 1kHz 的正弦信号，用示波器观测输出信号 $V_o$ 的波形及其大小。调 $R_f$，使输出信号不失真，且 $V_{opp}=0.6V$，即可。

（3）用示波器观察振荡的波形。

将外加输入信号断开，接上反馈网络，用示波器观察 $V_o$ 的波形，并测量振荡频率 $f_0$，与理论计算值 $f_0=\dfrac{1}{2\pi RC}$ 比较。

**【做一做】**

学生分组按图 7－3 电路进行连接，并进行调试。

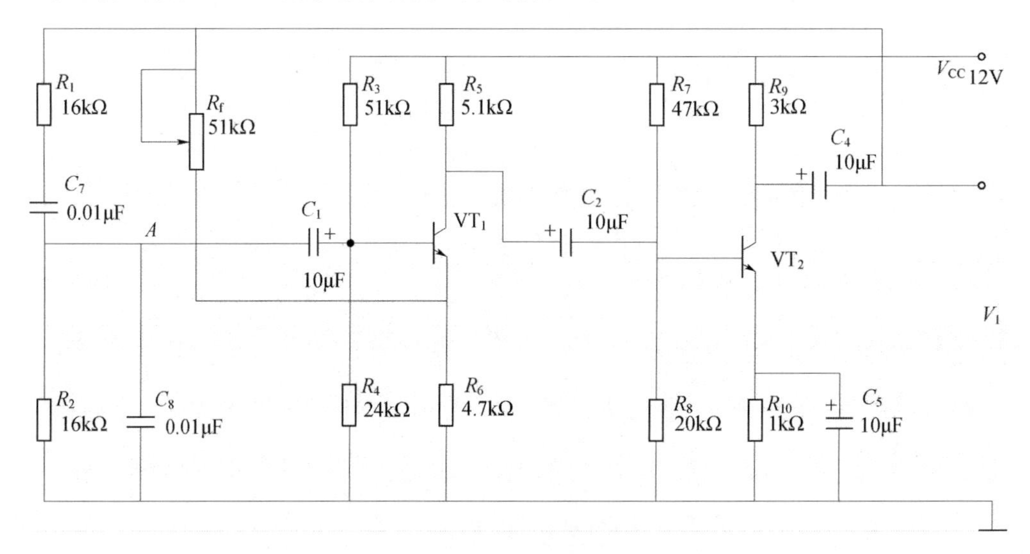


图 7－3　*RC* 振荡器

**【读一读】**

**阅读内容：**阅读《电子技术基础》（陈振源主编，第 2 版）第 157～160 页内容，掌握以下要点。

（1）正弦波振荡器的组成：放大电路、选频电路、反馈电路（正反馈）。

（2）自激振荡的过程。

（3）自激振荡的条件。

1）相位平衡条件——正反馈。反馈电压的相位与输入电压的相位同相，即为正反馈，定义为 $\varphi=2n\pi$。式中，$\varphi$ 为反馈电压 $V_f$ 与输入电压 $V_i$ 的相位差。

2）振幅平衡条件——反馈电压的幅度与输入电压的幅度相等。

当 $V_i=V_f$ 时，电路可产生振荡。

因 $V_o=A_uV_i$，$V_f=FV_o=FA_uV_i$，为保证 $V_f\geqslant V_i$，则 $A_uF\geqslant 1$。

（4） $RC$ 选频网络的选频特性。

（5） 振荡原理及振荡频率。

**【想一想】**

（1） 正弦波振荡器由哪几部分组成?

（2） 自激振荡器起振的条件。

（3） 放大器与振荡器有何区别?

放大器需要加输入信号才能有输出信号；振荡器则不需外加信号，电路本身即能产生输出信号。

（4） 选频电路由什么元件构成?

（5） $RC$ 串并联选频电路的选频特性包括幅频特性和相频特性。当输入信号 $V_i$ 频率等于选频频率 $f_0$ 时，输出电压 $V_o$ 幅值达到最高，为 $V_i/3$，而且相位差为零。

（6） $RC$ 振荡器的起振条件（放大电路的 $A_u$ 要大于 3）。

（7） 振荡频率$\left(f_0=\dfrac{1}{2\pi RC}\right)$。

**【知识拓展】**

$RC$ 振荡器电路中负反馈的作用（稳定放大电路的静态工作点）。

## 任务 3　LC 振荡器的制作、调试与测量

**【目标】**

（1） 了解 $LC$ 振荡器的电路组成。

（2） 掌握 $LC$ 振荡器的振荡原理。

**【所需仪器设备】**

万用表一块、示波器一台、直流电压源一台、毫伏表一块、元器件若干个（也可用实验箱上的元件或实验板）、连接线若干。

**【基本知识】**

1. $LC$ 振荡器的组成及分类

（1） 组成：由放大器、$LC$ 选频电路和反馈电路三部分所组成。

（2） 分类：可分为变压器耦合式振荡器和三点式 $LC$ 振荡器。

2. 三点式 $LC$ 振荡器

（1） 电路特点：从 $LC$ 振荡回路中引出三个端点与晶体管的三个电极相连接。

（2） 分类：电感三点式振荡器和电容三点式振荡器。

1） 电感三点式振荡器（见图 7－4）：晶体管的三个电极与电感支路的三个点相接。

三极管的 BE、CE 间接电感，BC 间接电容。

2）电容三点式振荡器（见图 7－5）：晶体管的三个电极与电容支路的三个点相接。BE、CE 间接电容，BC 间接电感。

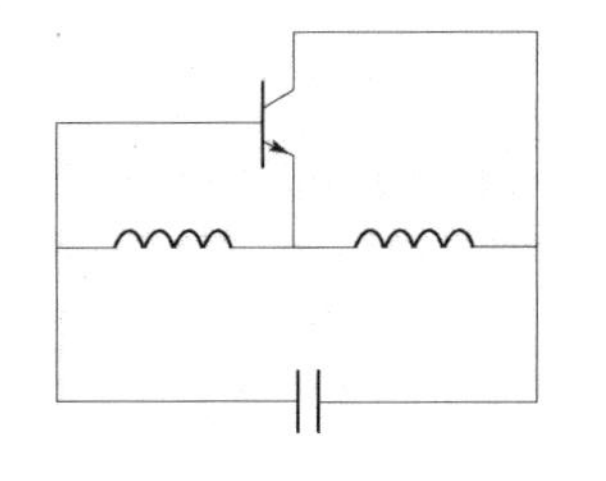

图 7－4　电感三点式振荡器

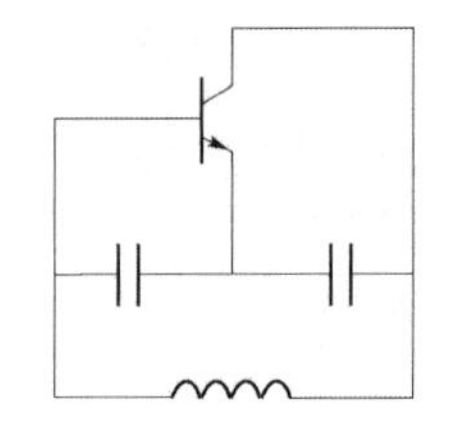

图 7－5　电容三点式振荡器

（3）电容三点式 $LC$ 振荡器。

1）电路：如图 7－6 所示。

2）电路特点：三极管的三个电极与电容支路的三个点相接。BE、CE 间分别接电容 $C_2$、$C_1$，BC 间接电感 $L_1$。振荡频率可达 100MHz 以上，输出波形较好。

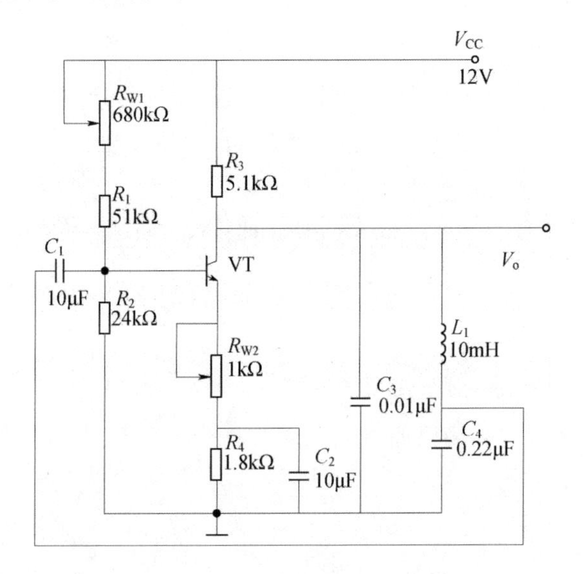


图 7－6　电容三点式 $LC$ 振荡器

3）电路缺点：调节频率不方便，因为电容量的大小既与振荡频率有关，又与反馈量有关。为了保持反馈系数 $F$ 不变，满足起振条件，调节频率时必须同时改变 $C_1$ 和 $C_2$。

振荡频率 $f_o=\dfrac{1}{2\pi\sqrt{L_1\dfrac{C_1C_2}{C_1+C_2}}}$

4）振荡原理：从交流通路分析可知这个电路满足相位平衡条件。$L_1$ 和 $C_1$、$C_2$ 组成振荡选频网络。利用 $C_1$ 和 $C_2$ 串联分压，从 $C_2$ 上将反馈信号送到放大器的输入端。适当选择 $C_1$ 和 $C_2$ 的数值，就能满足振幅平衡条件，电路就能产生振荡。

5）参考数据：

$$T=68\mu s$$
$$V_{opp}=8V$$
$$f_o=14.4kHz$$

**【看一看】**

按图 7-6 连接电路，测试内容如下：

（1）接通电源 $V_{CC}$，断开 $A$ 点，用万用表测量 $V_{CE}$，调 $R_{W1}$，使 $V_{CE}=6V$ 即可。

（2）用示波器观察输出 $V_o$ 的波形，要求 $V_o$ 不能失真（可调 $R_{W2}$）。

（3）测量输出信号 $V_o$ 的周期 $T$、峰峰值 $V_{opp}$ 和频率 $f_0$（用频率计测量）。

**【做一做】**

学生按图 7-6 所示电路进行连接并进行测试。其测试内容同［看一看］。

**【读一读】**

**阅读内容：**阅读《电子技术基础》（陈振源主编，第 2 版）第 161～166 页内容，掌握以下要点。

1. $LC$ 振荡器的构成（见图 7-6）

2. 变压器耦合式 $LC$ 振荡器的电路结构特点

（1）电路如图 7-7 所示。

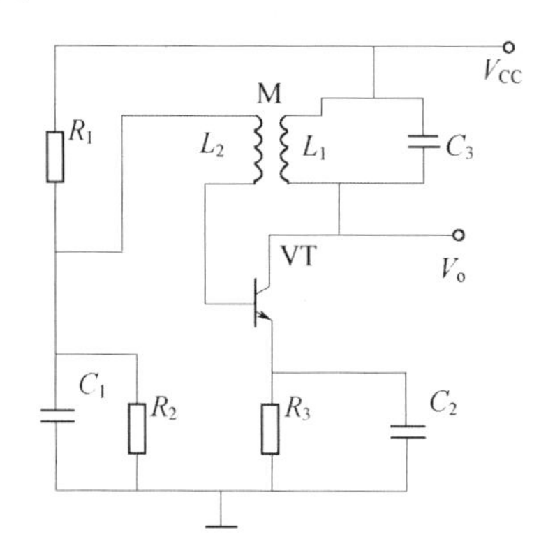


图 7-7　变压器耦合式 $LC$ 振荡器

$R_1$、$R_2$ 构成分压式偏置电路，$R_3$ 是发射极直流负反馈电阻，它们提供了放大器的静态偏置。

$C_1$、$C_2$ 是交流旁路电容，它们对振荡信号相当规模短路。

$L_1$、$C_3$ 构成并联谐振回路作为选频回路。当信号频率等于固有谐振频率 $f_0$ 时，$LC$ 并联谐振回路发生谐振，放大通过 $LC$ 并联谐振回路使频率为 $f_0$ 的信号输出最大，且相位差为零。

$L_2$ 是反馈线圈，将输出信号正反馈到放大管的基极。

（2）振荡原理。开机瞬间产生的电扰动信号经晶体管 VT 组成的放大器，然后由 $LC$

选频回路从众多的频率中选出谐振频率 $f_0$，并通过线圈 $L_1$ 和 $L_2$ 之间的互感耦合把信号反馈至晶体管基极。设基极的瞬时电压极性为正，经倒相集电极电压瞬时极性为负，按变压器同名端的符号可以看出，$L_2$ 的上端电压极性为负，反馈回基极的电压极性为正，满足相位平衡条件，偏离 $f_0$ 的其他频率的信号因有附加相移而不满足相位平衡条件。只要晶体管电流放大系数 $\beta$ 与 $L_1$ 和 $L_2$ 的匝数比合适，满足振幅条件，就能产生频率为 $f_0$ 的振荡信号。

$$振荡频率\ f_0=\frac{1}{2\pi\sqrt{L_1C_3}}$$

（3）电路特点。变压器耦合式振荡器功率增益高，容易起振。但由于电流放大系数 $\beta$ 随工作频率的增高而急剧降低，故其振荡幅值很容易受到振荡频率大小的影响，因此常用于固定频率的振荡器。

3. 电感三点式 LC 振荡器的电路组成

电路如图 7－4 所示，选频网络由 $L$、$C_1$、$C_2$ 组成。从 $C_2$ 上将反馈信号送到放大器的输入端。

4. 振荡产生的条件

符合相位平衡（正反馈）条件和振幅平衡条件（$A_uF\geqslant1$）。

**【想一想】**

（1）LC 振荡器的组成。

（2）变压器耦合式 LC 振荡器的电路结构特点。

（3）三点式 LC 振荡器的结构特点。

**【知识扩展】**

1. LC 振荡器振荡的条件判断方法

（1）用瞬时极性法判断电路是否符合相位平衡条件（正反馈）。

（2）根据 $A_uF\geqslant1$ 来判断电路是否符合振幅平衡条件（一般情况下都能达到）。

2. 振荡器是否振荡的检测方法

振荡器是否振荡常用以下两种方法来检测：一是用示波器观察输出波形是否正常；二是用万用表的直流电压挡测量振荡三极管的 $V_{BE}$ 电压，如果 $V_{BE}$ 出现反偏电压或小于正常放大时的数值，再用电容将正反馈信号交流短路到地端，若 $V_{BE}$ 电压回升，则可验证电路已经起振。

振荡器如果不能正常振荡，首先应用万用表测量放大器的静态工作点，应重点检查放大电路的元件有无损坏或连接线是否开路；工作点若正常，则要查正反馈是否加上，反馈信号的极性是否正确、反馈深度是否合适。如果振荡器的振荡频率出现偏差，应适当调整选项频元件的参数。

# 任务4　石英晶体振荡器的组装与调试

**【目标】**

（1）了解石英晶体的特性及其等效电路。

（2）掌握石英晶体振荡器的两种电路形式的结构特点。

**【所需仪器设备】**

万用表一块、示波器一台、直流电压源一台、毫伏表一块、元器件若干个（也可用实验箱上的元件或实验板）、连接线若干。

**【基本知识】**

**一、石英晶体**

1. 什么是石英晶体

天然石英属于二氧化硅（$SiO_2$）晶体，将它按一定方位角切成薄片，就称为石英晶片。

2. 石英晶体谐振器

在石英晶片的两个相对表面喷涂金属层作为极板，焊上引线作为电极，再用金属壳或胶壳封装就制成石英晶体谐振器，简称晶振。

3. 压电效应

如果在石英晶体两电极间加上电压，晶片将产生机械形变；反之，如果在晶片上施加机械压力，晶片表面会产生电荷。这种物理现象称为压电效应。

4. 压电谐振

如果外加交变电压的频率与晶体固有频率相等，振幅将达到最大，这就是晶体的压电谐振。产生谐振的频率称为石英晶体的谐振频率。

5. 等效电路

如图7-8所示，其中：

$C_0$：等效晶体不振动时的静态电容，一般为几皮法到几十皮法。

$L$：等效晶体振动时的惯性，其值为1～10mH。

$C$：等效晶体的弹性，其值为0.01～0.1pF

$R$：等效晶片振动时因摩擦而造成的损耗，约为100Ω。

6. 主要特性

（1）$Q$值高。

（2）晶体的固有频率只与晶片的几何尺寸有关，所以可做得很精确、很稳定。

（3）有两个谐振频率。

串联谐振频率：$f_s=\dfrac{1}{2\pi\sqrt{LC}}$

并联谐振频率：$f_p=\dfrac{1}{2\pi\sqrt{L\dfrac{CC_o}{C+C_o}}}$

$f_p$ 稍大于 $f_s$。由于 $C_o \gg C$，所以两个谐振频率 $f_p$ 与 $f_s$ 非常接近。石英晶体工作在 $f_s$ 与 $f_p$ 之间时呈感性，在此区域之外呈容性。

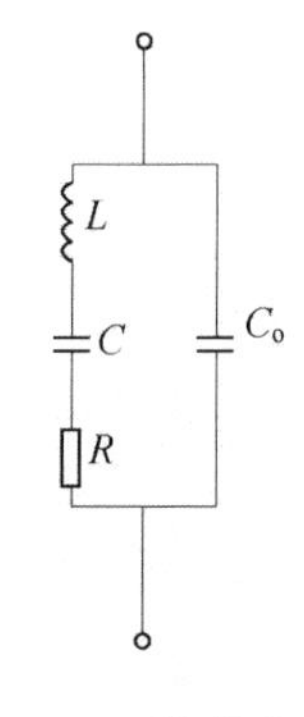


图 7-8　并联型石英晶体振荡器

## 二、石英晶体振荡器

1. 定义

用石英晶体谐振器作为选频元件所组成的正弦波振荡器称为石英晶体振荡器。

2. 电路形式分类

(1) 并联型石英晶体振荡器（见图 7-8）。工作在 $f_p$ 与 $f_s$ 之间，石英晶体相当于电感。

选频回路由 $C_1$、$C_2$ 和石英晶体组成。这时的谐振频率处于 $f_p$ 与 $f_s$ 之间，石英晶体在回路中起电感的作用，显然这相当于一个电容三点式振荡电路。谐振电压经 $C_1$、$C_2$ 分压后，$C_2$ 上的电压正反馈回到放大管的基极，只要反馈强度足够，电路就能起振并达到平衡。振荡频率基本上由石英晶体的固有频率决定，受 $C_1$、$C_2$ 及晶体管极间电容 $C_{be}$、$C_{ce}$影响很小，因此振荡频率稳定度很高。

(2) 串联型石英晶体振荡器（见图 7-9）。工作在串联谐振频率 $f_s$ 处，利用阻抗最小的特性来组成振荡器。

石英晶体接在 $VT_1$、$VT_2$ 组成的两级放大器的正反馈网络中，起到了选频和正反馈的作用。当振荡频率等于石英晶体的串联谐振频率 $f_s$ 时，石英晶体阻抗最小，因此正反馈最强，且相移为零，电路满足自激振荡条件而振荡。对频率不等于 $f_s$ 的信号来说，石英晶体的阻抗较大，相移不为零，电路不满足自激振荡条件。因此，该电路只在频率 $f_s$ 上产生振荡，即振荡频率 $f_0=f_s$。在正反馈支路中串入电阻 $R_p$ 用于调节反馈量的大小。$R_p$ 过大，反馈量小，电路可能停振；$R_p$ 过小，反馈量大，会导致波形失真。

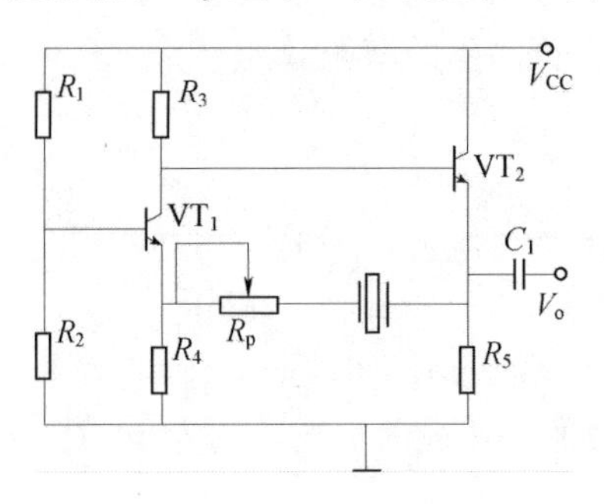


图 7-9　串联型石英晶体振荡器

**【看一看】**

并联型石英晶体振荡电路如图 7-10 所示。

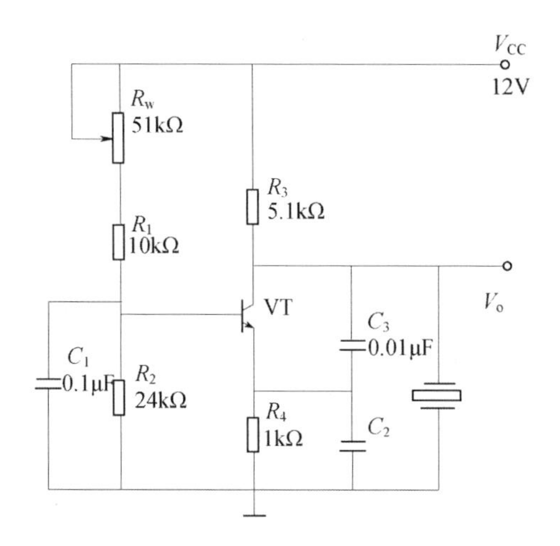


图 7－10　并联型石英晶体振荡电路

（1）先不接石英晶体，接通电源 $V_{CC}$，用万用表测量 $V_{CE}$，要求 $V_{CE}=6V$ 左右（调 $R_W$ 实现）。

（2）接上石英晶体，用万用表直流电压挡测量 $V_{BE}$，若 $V_{BE}$ 反偏或 $V_{BE}<0.5V$，则说明电路已起振。

（3）当电路起振后，用示波器测量 $V_o$ 的波形及 $V_o$ 的频率，即为振荡频率。

**【做一做】**

学生按图 7－10 进行组装电路，并按测试步骤进行测试，将测量数据记入表 7－1。

**表 7－1**

| 不接晶体 $V_{CE}$ | 接上晶体 $V_{BE}$ | $V_o$ 的波形及峰峰值 $V_{opp}$ | $V_o$ 的频率 $f_o$ |
| --- | --- | --- | --- |
| | | | |

**【读一读】**

**阅读内容：** 阅读《电子技术基础》（陈振源主编，第 2 版）第 167～171 页，掌握以下要点。

（1）石英晶体的主要特性。

（2）石英晶体的符号及等效电路。

（3）石英晶体的谐振频率。

串联谐振频率 $f_s=\dfrac{1}{2\pi\sqrt{LC}}$

并联谐振频率 $f_p=\dfrac{1}{2\pi\sqrt{L\dfrac{CC_o}{C+C_o}}}$

（4）石英晶体振荡器的两种电路形式（串联型和并联型）。

**【想一想】**

（1）什么是石英晶体振荡器?

（2）石英晶体的主要特性是什么?

（3）石英晶体的电路符号及等效电路记住了吗?

（4）石英晶体构成的振荡器有哪两种电路形式?（串联型和并联型）

（5）石英晶体在电路中分别作什么元件?（电容和电感）

**【知识拓展】**

（1）石英晶体的主要特性。

（2）石英晶体的结构及工作特性。

（3）石英晶体在振荡电路中的两种电路形式的区分方法。

# 项目八 直流稳压电源

**【学习目标】**

本项目中主要介绍直流稳压电源的功能和分类、工作原理。帮助学生学会使用万用表、示波器对直流稳压电路进行测量分析。同时培养学生的自主学习能力以及文献检索、资料查找与阅读能力，并为学生的可持续发展打下良好的基础。

**【基本知识】**

（1）直流稳压电源的功能：当电网电压波动或负载改变时，能保持输出直流电压基本不变。

（2）组成：结构方框图如图 8－1 所示。

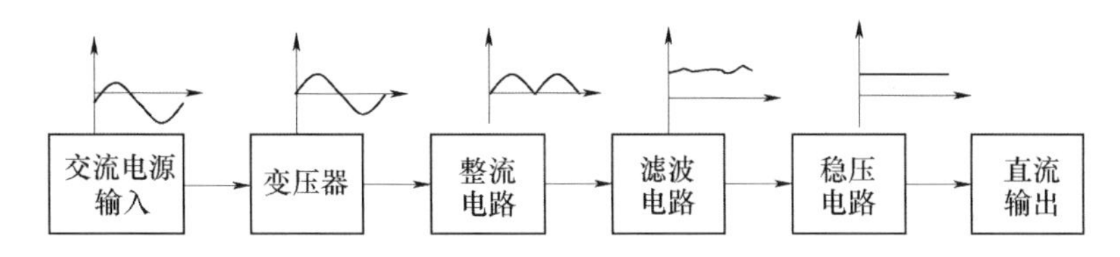


图 8－1　直流稳压电源组成

（3）分类：并联型稳压电路、串联型稳压电路、开关型稳压电路。

## 任务 1　稳压二极管并联型稳压电路

**【目标】**

（1）了解直流稳压电源的功能和分类。

（2）掌握并联稳压电路的形式、稳压原理及电路特点。

**【所需仪器设备】**

万用表一块、示波器一台、直流电压源一台、毫伏表一块、元器件若干个（也可用实验箱上的元件或实验板）、连接线若干。

**【基本知识】**

1. 稳压二极管为什么能稳压？

稳压二极管工作在反向击穿区时，流过稳压二极管的电流在相当大的范围内变化，其两端的电压基本不变。

2. 电路组成

电路组成如图 8－2 所示。其中稳压二极管 VD 反向并联在负载 $R_L$ 两端，所以是一个并联型稳压电路。$R$ 起限流和分压作用。

3. 稳压原理

当输入电压 $V_i$ 升高或负载 $R_L$ 阻值变大时，造成输出电压 $V_o$ 随之增大。稳压二极管的反向电压 $V_z$ 也会上长，从而引起稳压二极管电流 $I_z$ 的急剧加大，流过 $R$ 的电流 $I_R$ 也加大，导致 $R$ 上的压降 $V_R$ 上升，从而抵消了输出电压 $V_o$ 的波动，使输出电压 $V_o$ 保持不变。反之，当电网输入电压 $V_i$ 降低或负载 $R_L$ 阻值变小时，输出电压 $V_o$ 也能基本保持稳定。

4. 电路特点

电路结构简单，元件少。输出电流的变化范围较小，只适用于电压固定的小功率负载且负载电流变化范围不大的场合。

**【看一看】**

（1）教师按图 8－2 搭接电路，其中 $R=200\Omega$ ，稳压二极管 VS 型号为 3D5（6V）。

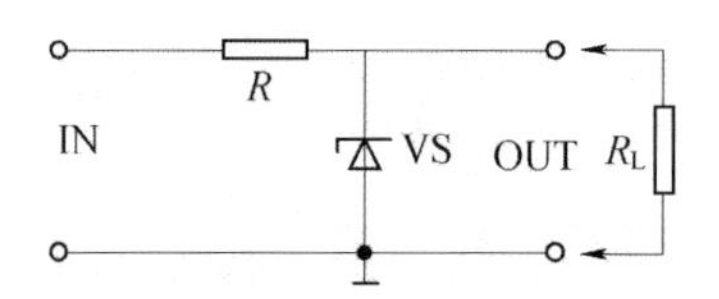


图 8－2　稳压二极管并联型稳压电路

（2）测试内容。

1）不接负载，从输入端分别输入 8V、9V、10V 三组电压用万用表测量输出端的电压并把结果记录于表 8－1 中，然后计算电阻 $R$ 消耗的功率 $P_R=V_R^2/R$。

**表 8－1**

| $V_i$（V） | $V_o$（V） | $P_R$（W） |
| --- | --- | --- |
| 8 | | |
| 9 | | |
| 10 | | |

**表 8－2**

| $V_i$ | 当 $R_L=200\Omega$ 时的 $V_o$ | 当 $R_L=1\text{k}\Omega$ 时的 $V_o$ |
| --- | --- | --- |
| 9V | | |

（2）从输入端输入 9V，输出端分别接入负载 $R_L$ 为 200Ω 和 1kΩ，用万用表测量输出端的电压，并把结果记录于表 8－2 中。

**【做一做】**

学生按图 8－1 连接电路，并按上述测试内容进行测试。

【读一读】

**阅读内容：**阅读《电子技术基础》（陈振源主编，第2版）第177～178页，掌握以下要点。

（1）直流稳压电源的作用、组成方框图、分类。

（2）稳压二极管并联型稳压电路的稳压原理。

（3）稳压二极管并联型稳压电路的特点。

【想一想】

（1）写出直流稳压电源的作用及分类。

（2）画出直流稳压电源的结构方框图。

（3）在稳压二极管并联型稳压电路中的 $R$ 有何作用？

（4）写出稳压二极管并联型稳压电路的特点。

## 任务2　集成稳压器

【目标】

熟悉常用的集成稳压器引脚排列及应用电路。

【所需仪器设备】

万用表一块、直流电压源一台、元器件若干个（也可用实验箱上的元件或实验板）、连接线若干。

【基本知识】

1. 集成稳压器的概念

采用集成技术在单片晶体上制成的具有稳压功能的集成电路。

2. 集成稳压器的分类

按结构形式分为串联型、并联型和开关型。

按输出电压类型分为固定式和可调式。

3. 认识几种集成稳压器

W78××系列：三端固定式正电压输出稳压器。

W79××系列：三端固定式负电压输出稳压器。

W317××系列：三端可调式正电压输出稳压器。接上外围电路后，输出电压1.2～37V可调。

W337××系列：三端可调式负电压输出稳压器。

外型如图8-3所示：

电路符号如图8-4所示：

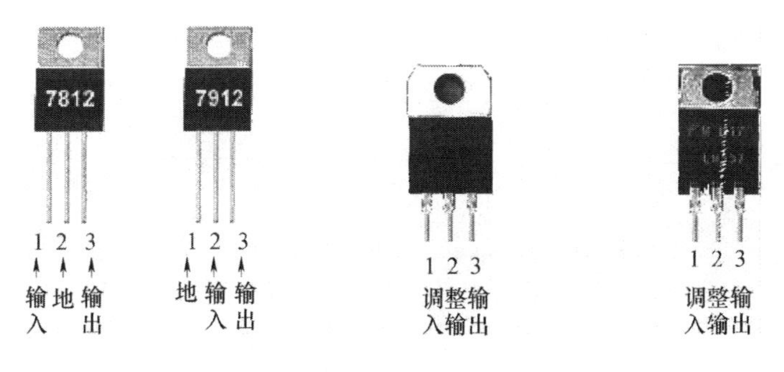


图 8-3　常用集成稳压器的外形

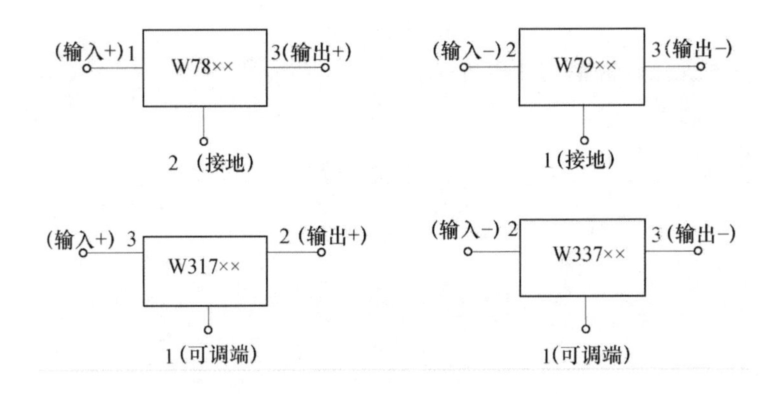


图 8-4　常用集成稳压器的电路符号

**【看一看】**

1. 教师按图 8-5 连接电路

图 8-5 中 $C_1$ 用于旁路高频干扰信号，$C_2$ 用于消除输出电压的波动并具有消振的作用，二极管 VD 起保护集成稳压器的作用，防止输出滤波电容放电引起集成稳压器损坏。

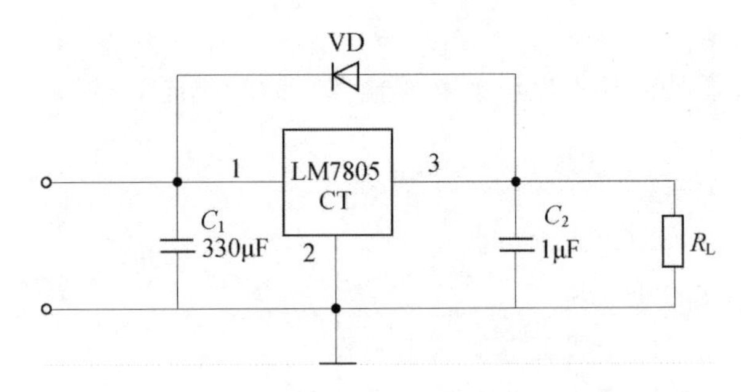


图 8-5　W78××系列集成稳压器基本应用电路

2. 测试内容

(1) 从输入端分别输入 8V、9V、10V 三组电压，用万用表测量输出端的电压，并把结果记录于下表 8-3 中。

(2) 从输入端输入 9V，输出端分别接入负载 $R_L$ 为 200Ω 和 1kΩ，用万用表测量输出端的电压，并把结果记录于表 8－4 中。

**表 8－3**

| $V_i$ | $V_o$ |
| --- | --- |
| 8V | |
| 9V | |
| 10V | |

**表 8－4**

| $V_i$ | 当 $R_L=200\Omega$ 时的 $V_O$ | $R_L=1k\Omega$ 时的 $V_O$ |
| --- | --- | --- |
| 9V | | |

**【做一做】**

学生按图 8－5 连接电路，并按上述测试内容进行测试。

**【读一读】**

**阅读内容：**阅读《电子技术基础》（陈振源主编，第 2 版）第 181～185 页，掌握以下要点。

（1）集成稳压器的分类。

（2）三端固定式稳压器的型号及应用电路。

（3）三端可调式稳压器的型号及应用电路。

（4）如何区分集成稳压器各脚的功能及使用技巧。

**【想一想】**

（1）集成稳压器按输出电压分为哪几类，并写出相应的系列。

（2）分别写出三端固定式稳压器和三端可调式稳压器的型号组成意义。

（3）分别写出 W78、W79、W317、W337 系列集成稳压器的引脚功能。

## 任务 3　晶体管串联型稳压电路

**【目标】**

熟悉晶体管串联型稳压电源的电路形式，理解稳压原理。

**【所需仪器设备】**

万用表一块、直流电压源一台、示波器一台、元器件若干个（也可用实验箱上的元件或实验板）、连接线若干。

**【基本知识】**

1. 电路组成

如图 8－6 所示，由取样电路、基准电压、比较放大器及调整电路组成。

(1) 取样电路：由 $R_4$、$R_5$ 和 $R_6$ 构成。从输出电压中按一定比例取出部分电压送到 $VT_3$ 的基极，这个电压 $V_{B3}$ 称为取样电压。调节 $R_6$ 可调整输出电压的大小。

(2) 基准电压：由稳压二极管 VS 和 $R_3$ 组成。以稳压二极管的稳定电压 $V_z$ 作为基准电压，加到 $VT_3$ 管的发射极，作为调整、比较的标准。

(3) 比较放大电路：由 $VT_3$ 和 $R_1$、$R_2$ 构成的直流放大器组成。其作用是将取样电压 $V_{B3}$ 和基准电压 $V_z$ 进行比较，比较的误差电压 $V_{BE3}$ 经 VT 管放大后去控制调整管 $VT_1$ 和 $VT_2$。$R_1$、$R_2$ 既是 $VT_2$ 的偏置电阻，也是 $VT_3$ 的集电极负载电阻。

(4) 调整电路：由 $VT_1$、$VT_2$ 复合而成，它与负载串联，故称此电路为串联型稳压电源。调整管相当于一个可变电阻，在比较放大电路输出信号的控制下自动调节其集射极之间的电压降，以抵消输出电压的波动。

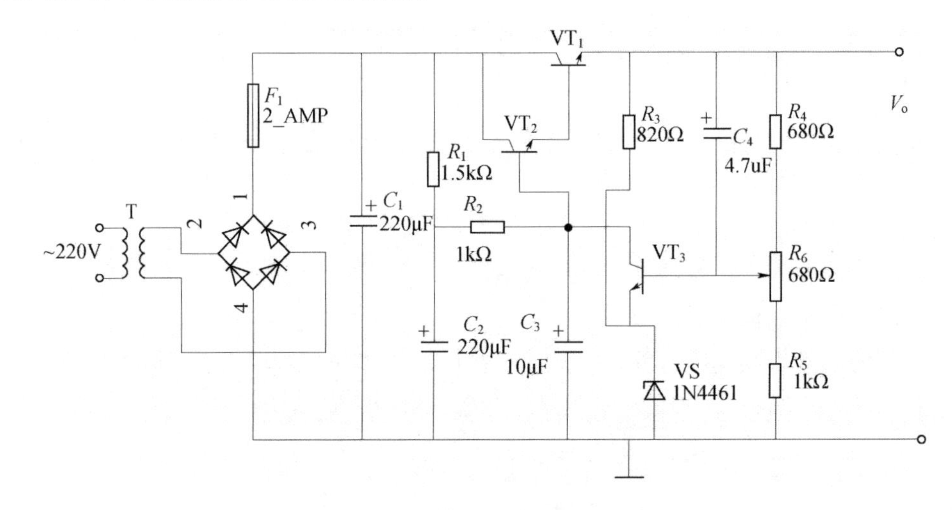


图 8-6　晶体管串联型稳压电路

串联型稳压电源的框图如图 8-7 所示。

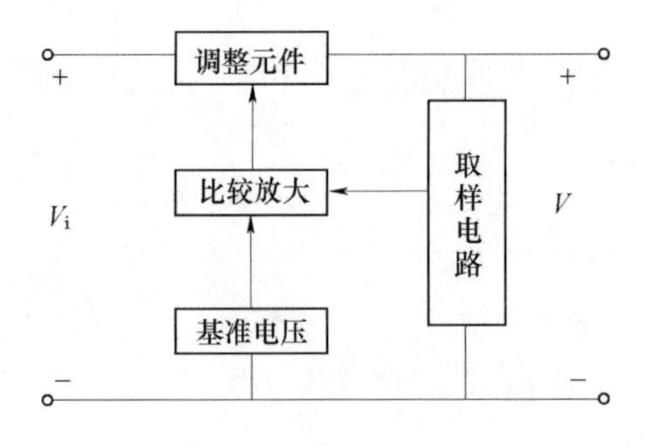


图 8-7　串联型稳压电源框图

2. 稳压原理

当输入电压或负载发生变化时，若引起输出电压上升，导致取样电压 $V_{B3}$ 增加，则 $V_{BE3}$ 增大，集电极电流 $I_{C3}$ 增加，使集电极电位 $V_{C3}=V_{B2}$ 下降，故 $VT_2$ 管的 $V_{BE2}$ 减小，$I_{C2}$ 减小，$I_{B1}$ 减小，$I_{C1}$ 减小，管压降 $V_{CE1}$ 增大，使输出电压 $V_o$ 减小，从而保持 $V_o$ 基本不变。

3. 输出电压的调节

$$V_o=\frac{R_4+R_5+R_p}{R_5+R_{p2}}V_z$$

式中：$R_{p2}$为电位器下半部分电阻。

输出电压$V_o$的调节范围是有限的，其最小值不可能调到零，最大值不能调到$V_i$。

4. 电路特点

稳压特性好，但功耗较大。

**【看一看】**

（1）教师按图 8－6 搭建电路。

（2）测试内容。

1）接上交流 220V 电源，调节电位器$R_6$，记下输出电压$V_o$的变化范围。

2）调节$R_6$，使$V_o=9V$；将交流输入电压降至 200V，用万用表测此时的输出电压；将交流输入电压升至 240V，用万用表测此时的输出电压，并将数据记录于表 8－5。

**表 8－5**

| 输入交流电压 $V_i$ | 输出直流电压 $V_o$ |
|---|---|
| 220V | $V_{omin}=$ $V_{omax}=$ |
| 220V | |
| 200V | |
| 240V | |

**【做一做】**

（1）学生按图 8－6 连接电路。

（2）按上述测试内容进行测试并记录数据。

**【读一读】**

**阅读内容：**阅读《电子技术基础》（陈振源主编，第 2 版）第 178～181 页，掌握以下要点。

（1）晶体管串联型稳压电路的组成及各部分的功能。

（2）晶体管串联型稳压电源的稳压原理。

（3）写出调节串联型稳压电源输出电压$V_o$的公式。

**【想一想】**

（1）晶体管串联型稳压电路主要由哪几部分组成，各部分的功能是什么？

（2）写出调节串联型稳压电源输出电压$V_o$的公式。

**【知识拓展】**

开关型稳压电源的工作原理。

1. 电路特点

功耗小、效率高。

2. 原理

调整管是一个由脉冲控制的开关管，相当于一个由脉冲控制的电子开关。输出电压$V_o$的取样电压与基准电压在比较放大环节中比较放大，其误差电压作为脉宽调制器的输入信号，自动调整控制输出脉冲电压的脉宽，达到稳定输出电压的目的。

开关型稳压电源的结构框图如图 8-8 所示。

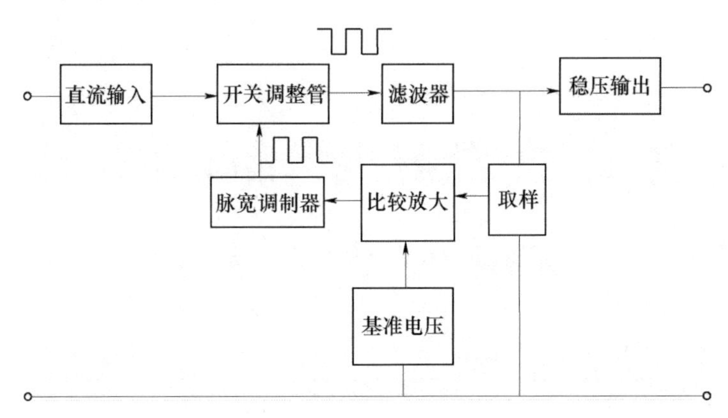


图 8-8　开关型稳压电源结构框图

# 项目九 晶闸管及应用电路

**【学习目标】**

（1）认识单、双向晶闸管的电路符号、文字符号及其主要参数；掌握单、双向晶闸管的导电特性。

（2）学会使用万用表检测晶闸管的引脚和判断质量。

**【项目概述】**

本项目中主要介绍单、双向晶闸管的电路符号、文字符号及其主要参数、导电特性。使学生具备万用表检测晶闸管的引脚和判断质量的能力。同时培养学生的自主学习能力以及文献检索、资料查找与阅读能力，并为学生的可持续发展打下良好的基础。

## 任务1　单向晶闸管及其应用

**【目标】**

（1）熟悉单向晶闸管的电路图形符号与文字符号，了解其主要参数的含义。

（2）掌握晶闸管的导电特性。

（3）学会用万用表检测单向晶闸管的引脚并判断质量的优劣。

**【所需仪器设备】**

万用表一块、直流电压源一台、元器件若干个（也可用实验箱上的元件或实验板）、连接线若干。

**【看一看】**

（1）教师搭接图9-1所示的电路。

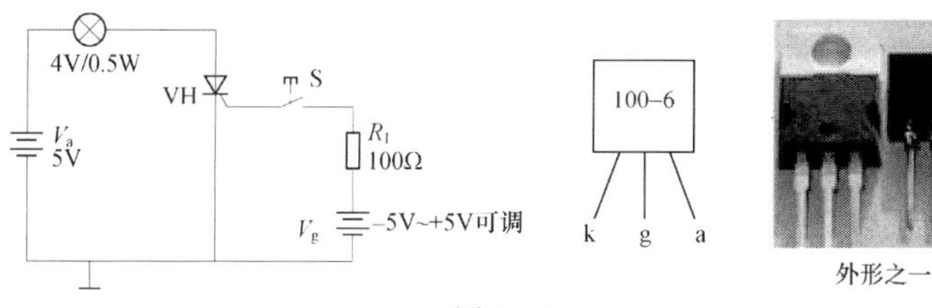


图9-1

（2）观察单向晶闸管“正向阻断”的状态：晶闸管加上正向电压（阳极 a 接电源正极，阴极 k 接电源负极），控制栅极不加电压（开关 S 不闭合），灯不亮。

（3）观察单向晶闸管“触发导通”的状态：晶闸管加上正向电压，控制栅极加正向电压。慢慢增大电压，直至灯亮，记下此时单向晶闸管的触发电压 $V_g$（约 0.5V）。再断开开关 S，灯依然亮。

（4）观察单向晶闸管“反向阻断”的状态：晶闸管加上反向电压（阳极 a 接电源负极，阴极 k 接电源正极），控制栅极不加电压（开关 S 不闭合），灯不亮；控制栅极加正向电压，灯依然不亮。

（5）结论：

1）晶闸管导通必须具备两个条件：一是晶闸管阳极与阴极间接正向电压；二是控制极与阴极之间也接正向电压。

2）晶闸管一旦导通后，去掉控制极电压后，晶闸管仍然保持导通状态。

**【做一做】**

（1）学生接图 9－1 的电路。

（2）学生进行以下测试。

1）晶闸管阳极 a 接电源 $V_a$ 正极，阴极 k 接电源 $V_a$ 负极；开关 S 不闭合。观察灯的亮灭情况。

2）晶闸管阳极 a 接电源 $V_s$ 正极，阴极 k 接电源 $V_s$ 负极；先将 $V_g$ 调至负压，然后将开关 S 闭合，再慢慢增大电压，直至灯亮，记下此时单向晶闸管的触发电压 $V_g$（约 0.5V）。再断开开关 S，观察灯的亮灭情况。

3）晶闸管阳极 a 接电源 $V_a$ 负极，阴极 k 接电源 $V_a$ 正极；开关 S 不闭合。观察灯的亮灭情况。把开关 S 闭合，观察灯的亮灭情况。

**【看一看】**

教师演示用万用表检测单向晶闸管。

1. 判别电极

万用表置于 $R\times1k$ 挡，测量晶闸管任意两引脚间的电阻。当万用表指示低阻值时，黑表笔所接的是控制极 g，红表笔所接的是阴极 k，余下的一个引脚为阳极 a，其他情况下电阻值均为无穷大。

2. 质量好坏的检测

检测时按以下三个步骤进行：

（1）万用表置于 $R\times10$ 挡，红表笔接阴极 k，黑表笔接阳极 a，指针应接近无穷大。

（2）用黑表笔在不断开阳极的同时接触到控制极 g，万用表指针向右偏转到低阻值，表明晶闸管能触发导能。

（3）在不断开阳极 a 情况下，断开黑表笔与控制极 g 的接触，万用表指针应保持在原来的低阻值上，表明晶闸管撤去控制信号后仍将保持导通状态。

**【做一做】**

每位学生发一个单向晶闸管，用万用表判别单向晶闸管的电极，检测其好坏。

**【读一读】**

**阅读内容：**阅读《电子技术基础》（陈振源主编，第 2 版）第 193～197 页，掌握以下要点。

1. 单向晶闸管的外形、结构与符号及特性

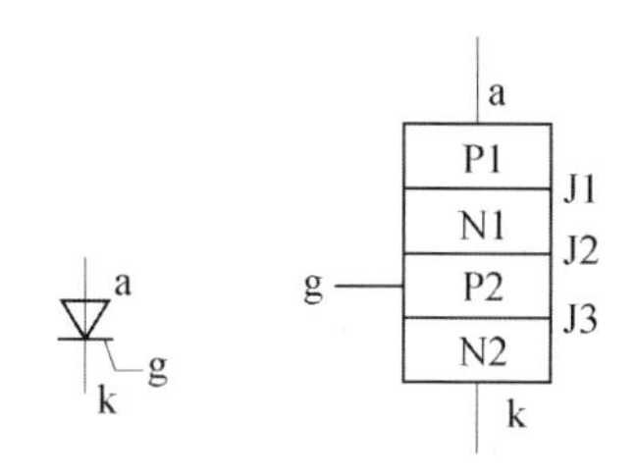


图 9－2　单向晶闸管的电路图形符号及内部结构

（1）结构。单向晶闸管的内部结构如图 9－2 所示，它是由四层半导体 P－N－P－N 叠合而成，形成三个 PN 结（J1、J2、J3），由外层 P 型半导体引出阳极 a，由外层 N 型半导体引出阴极 k，由中间 P 型半导体引出控制极 g。

（2）工作特性：相当于有控制端的单向导电性器件。

1）正向阻断状态：晶闸管的阳极、阴极间加正向电压，控制极未加正向电压时，晶闸管不导通，这种状态称为晶闸管的正向阻断状态。

2）触发导通状态：晶闸管的阳极、阴极间加正向电压，控制极也加正向电压时，晶闸管触发导通，这种状态称为晶闸管的触发导通状态。

3）反向阻断状态：晶闸管的阳极、阴极间加反向电压，控制极不管是否加正向电压时，晶闸管都不导通，这种状态称为晶闸管的反向阻断状态。

2. 晶闸管导通的条件

晶闸管导通必须具备两个条件：一是晶闸管阳极与阴极间接正向电压；二是控制极与阴极之间也接正向电压。

3. 关断晶闸管的方法

有两种方法：①将阳极电压降低到足够小或加瞬间反向阳极电压；②将阳极瞬间开路。

4. 晶闸管型号及参数的含义

（1）型号：国产晶闸管的型号由五部分组成（见图 9－3）。

（2）主要参数如下：

反向峰值电压 $V_{RRM}$：在控制极开路时，允许加在阳极、阴极之间的最大反向峰值电压。

正向阻断峰值电压 $V_{DRM}$：在控制极开路时，允许加在阳极、阴极之间的最大正向峰

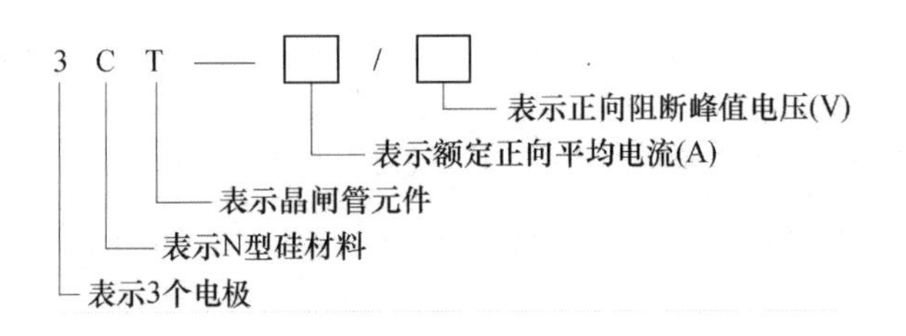


图 9－3　国产晶闸管型号说明

值电压。使用时若超过 $V_{DRM}$，晶闸管即使不加触发电压也能从正向阻断转向导通。

额定正向平均电流 $I_{T(AV)}$：在规定的环境温度和散热条件下，允许通过阳极和阴极之间的电流平均值。

正向电压降平均值 $V_{T(AV)}$：又称为通态平均电压，指晶闸管导通时管压降的的平均值，一般在 0.4～1.2V，这个电压越小，管子的功耗就越小。

控制极触发电压 $V_g$ 和触发电流 $I_g$：在室温下及一定的正向电压条件下，使晶闸管从判断到导通所需的最小控制电压和电流。

5. 用万用表判别晶闸管的电极及检测其好坏的方法

简单的检测方法如下：

(1) 判别电极：万用表置于 $R\times1k$ 挡，测量晶闸管任意两引脚间的电阻，当万用表指示低阻值时，黑表笔所接的是控制极 g，红表笔所接的是阴极 k，余下的一个引脚为阳极 a，其他情况下电阻值均为无穷大。

(2) 质量好坏的检测：检测时按以下三个步骤进行：

1) 万用表置于 R×10 挡，红表笔接阴极 k，黑表笔接阳极 a，指针应接近无穷大。

2) 用黑表笔在不断开阳极的同时接触到控制极 g，万用表指针向右偏转到低阻值，表明晶闸管能触发导能。

3) 在不断开阳极 a 情况下，断开黑表笔与控制极 g 的接触，万用表指针应保持在原来的低阻值上，表明晶闸管撤去控制信号后仍将保持导通状态。

**【想一想】**

(1) 单向晶闸管的内部有几个 PN 结？它的特性是什么？

(2) 画出单向晶闸管的电路符号并标注出电极。

(3) 写出晶闸管导通的条件及关断晶闸管的方法。

(4) 请写出晶闸管参数 $V_{RRM}$、$V_{DRM}$、$I_g$、$V_g$ 的含义。

(5) 写出用万用表判别晶闸管的电极及检测其好坏的方法。

**【知识拓展】**

1. 半波可控整流电路

利用“单向晶闸管在正向电压作用下，改变控制极触发信号的触发时间，可控制晶闸管导通的时间”的这种特性可把交流电变成大小可调的直流电，这样的电路称为可控整流电路。

（1）电路结构，如图 9－4 所示。

（2）工作原理：

1）当交流输入为正半周时，晶闸管 VH 承受正向电压，如果这时没加触发电压，则晶闸管处于正向阻断状态，负载电压为 0。

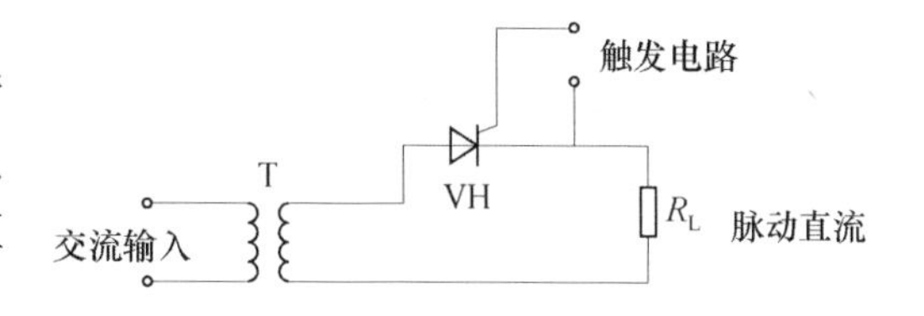


图 9－4　半波可控整流电路

2）当交流输入为正半周，并且在某时刻给控制极加触发电压 $V_g$ 时，晶闸管导通，输出电压等于此时的输入电压。此时即使控制电压在晶闸管导通后消失，晶闸管依然导能，输出等于输入。

3）当交流输入信号过零点电压时，晶闸管自行判断。

4）当交流输入信号为负半周时，晶闸管承受反向电压，即使控制极加入触发电压也不会导通，输出电压为 0。

2. 单相桥式整流电路

单相桥式整流电路如图 9－5 所示。

（1）电路结构：主要由整流主电路和触发电路两大部分组成。

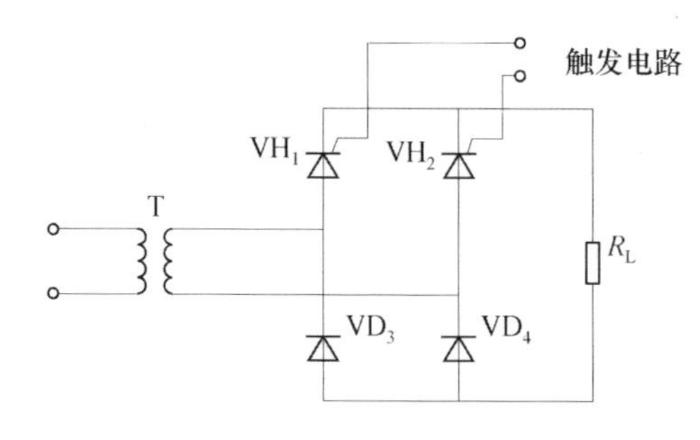


图 9－5　单向半控桥式整流电路

（2）工作原理：与桥式整流电路的工作原理差不多。

1）当交流输入为正半周时，晶闸管 $VH_1$、二极管 $VD_3$ 承受正向电压，如果这时没加触发电压，则晶闸管处于正向阻断状态，负载电压为 0。

2）当交流输入为正半周，并且在某时刻给控制极加触发电压 $V_g$ 时，晶闸管 $VH_1$ 导通，电流通过 $VH_1$、$R_L$、$VD_3$ 形成回路，在负载上得到极性为上正下负的电压。

3）当交流输入信号过零点电压时，晶闸管自行判断。

4）当交流输入信号为负半周时，晶闸管 $VH_2$、二极管 $VD_4$ 承受正向电压，此时只要给控制极加入触发电压，晶闸管 $VH_2$ 就导通，电流流过 $VH_2$、$R_L$、$VD_4$ 形成回路，在负载 $R_L$ 上得到的也是上正下负的电压。

## 任务 2　双向晶闸管及其应用

**【目标】**

（1）熟悉双向晶闸管的电路图形符号与文字符号；了解其主要参数的含义。

（2）掌握双向晶闸管的导电特性。

（3）学会使用万用表检测双向晶闸管的引脚和判断质量的优劣。

【所需仪器设备】

万用表一块、直流电压源一台、元器件若干个（也可用实验箱上的元件或实验板）、连接线若干。

【看一看】

教师演示用万用表检测双向晶闸管。

1. 各极的判别

（1）a2极：将万用表置于 $R\times1$k 挡，无论表笔怎么接，都与其他两脚不通（电阻为无穷大）的脚就是a2极，另两只脚分别是a1极和g极（控制极）。

（2）g极：万用表置于 $R\times1$ 挡，黑表笔接a2，红表笔接假设的a1，将假设的g极与a2极短路，万用表应保持几十欧以下的读数，黑、红表笔不离开a2、a1，g极离开黑表笔后万用表仍保持几十欧以下的读数不变；调换两表笔，再次将g极与a2短路一下后离开，万用表也应保持在几十欧以下的读数，则假设正确。

2. 质量检测

（1）万用表置于 $R\times1$k 挡，用两表笔分别接a1和a2，调换两表笔再测，表针不动或微动为正常。

（2）万用表置于 $R\times1$ 挡，黑表笔接a1，红表笔接a2，将g极与a2极短路一下，万用表应保持几十欧以下的计数；调换两表笔，再次将g极与a2短路一下后离开，万用表也应保持在几十欧以下的读数。对于小功率双向晶闸管，按以上方法测量，若双向晶闸管一直保持高阻值，则表明此管无法触发导通，管子已损坏。

【做一做】

每位学生发一个双向晶闸管，用万用表判别双向晶闸管的电极，检测其好坏。

【看一看】

晶闸管的特性验证实验：

（1）教师搭接图9-6的电路。

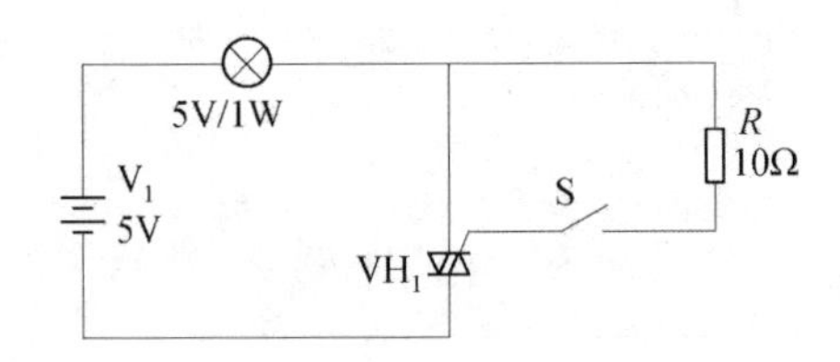


图9-6　晶闸管的特性验证实验电路

（2）开关S断开，灯不亮；开关S合上，灯亮；再把开关断开，灯依然亮（双向晶闸管导通后除去触发信号，能继续保持导通）。

（3）把电源 $V_1$ 的正、负极对调，开关S断开，灯不亮；开关S合上，灯亮（晶闸管的主电极 a1、a2 无论加下向还是反向电压，控制极 g 的触发信号无论是正向还反向，管子都可触发导通）。

**【做一做】**

（1）学生按图 9－6 搭接电路。

（2）把开关 S 断开、合上、再断开，观察灯的亮灭情况。

（3）把电源 $V_1$ 的正、负极对调，把开关 S 断开、合上，观察灯的亮灭情况。

（4）根据实验结果写出双向晶闸管的主要特性。

**【看一看】**

晶闸管作交流开关使用。

（1）教师按图 9－7 搭接电路。

（2）把开关 S 合上，灯亮；把开关 S 断开，灯灭（双向晶闸管除去触发信号后，主电极电压降至 0V 时，管子将截止）。

（3）写出结论：可用晶闸管作为交流开关。因为交流电的通断通常用机械式开关进行控制。当工作电流较大时，机械开关的体积、质量都较大，用晶闸管作为交流开关，不仅体积小、重量轻，而且可使用低压小电流开关进行控制，工作可靠、操作便捷。

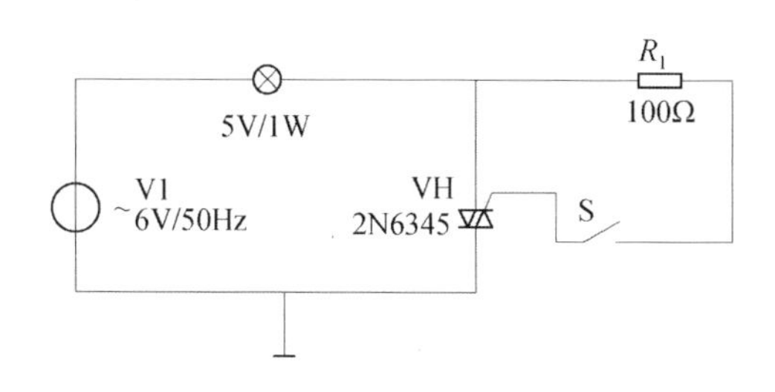


图 9－7　晶闸管作交流开关的电路

**【做一做】**

（1）学生按图 9－7 搭接电路。

（2）把开关 S 合上、断开，观察灯的亮灭情况。

（3）写出结论：可用晶闸管作为交流开关。

**【读一读】**

**阅读内容：**阅读《电子技术基础》（陈振源主编，第 2 版）第 203～205 页，掌握以下要点。

1. 双向晶闸管的结构、电路符号

（1）结构：如图 9－8（a）所示，它是一个具有 NPNPN 五层结构的半导体器件，功能相当于一对反向并联的单向晶闸管，允许电流从两个方向通过。外形与单向晶闸管相似，有三个电极，分别称为第一阳极 a1、第二阳极 a2 和控制极 g。国产型号常用 3CTS 或 KS 表示。

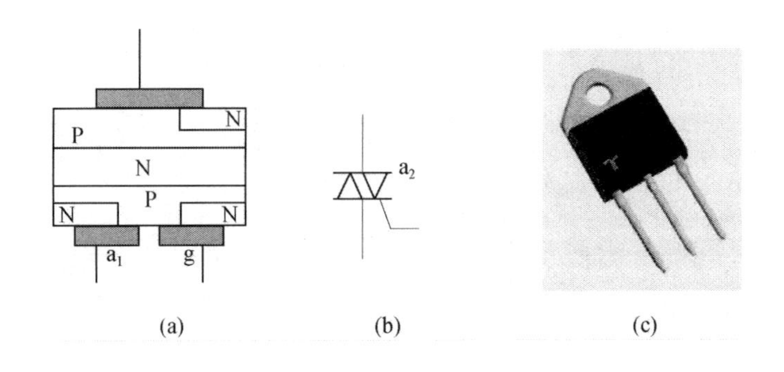


图 9－8　双向晶闸管的结构、电路符号及外形

2. 晶闸管的主要特性

主要特性：双向晶闸管的主电极 a1、a2 无论加正向电压还是反向电压，其控制极 g 的触发信号无论是正向还是反向，管子都可触发导通。双向晶闸管导通后除去触发信号，能继续保持导通。当主电极电压降至 0V 时，管子将截止。

3. 双向晶闸管的质量检测方法

（1）万用表置于 $R\times1$k 挡，用两表笔分别接 a1 和 a2，调换两表笔再测，表针不动或微动为正常。

（2）万用表置于 $R\times1$ 挡，黑表笔接 a1，红表笔接 a2，将 g 极与 a2 极短路一下，万用表应保持几十欧以下的计数；调换两表笔，再次将 g 极与 a2 短路一下后离开，万用表也应保持在几十欧以下的读数。对于小功率双向晶闸管，按以上方法测量，若双向晶闸管一直保持高阻值，则表明此管无法触发导通，管子已损坏。

4. 晶闸管作为交流开关使用的工作原理

如图 9－7 所示，由双向晶闸管的 a1 极与 g 极之间接上微型小电流开关 S，并串一限流电阻 $R_g$。加上交流电源，开关 S 闭合时，a2 和 a1 之间的瞬时电压通过 $R_g$ 加在 g 和 a2 之间，使双向晶闸管触发导通。管子导通后 a1 极与 a2 极之间压降只有 1～2V，相当于开关闭合。

当控制开关 S 断开后，交流电源过零电压时，双向晶闸管就关断，回路断开，即可实现用低电压小电流开关来控制交流主回路的通断。

**【知识拓展】**

## 一、双向晶闸管的应用——交流调压电路

1. 电路结构

交流调压电路结构如图 9－9 所示。

2. 工作原理

此电路可用于白炽灯调光、电扇调整、电热器调温。

图 9－8 中 $VH_1$ 为双向晶闸管，当所加的正向或反向电压达到其导通电压 $V_{BO}$（通常为 20～40V）时，它就导通提供触发脉冲将双向晶闸管 $VH_2$ 触发导通。

（1）当电源电压为上正下负时，电源通过 $R_1$、$R_p$ 向电容 $C_1$ 充电，电容上的电压为上正下负，当这个电压增高到双向触发二极管 $VH_1$ 的导通电压时，$VH_1$ 突然导通，使双向晶闸管的控制极 g 和主电极 $a_1$ 间得到一正向触发脉冲，晶闸管就导通，而后交流电源电压过零时自行关断。

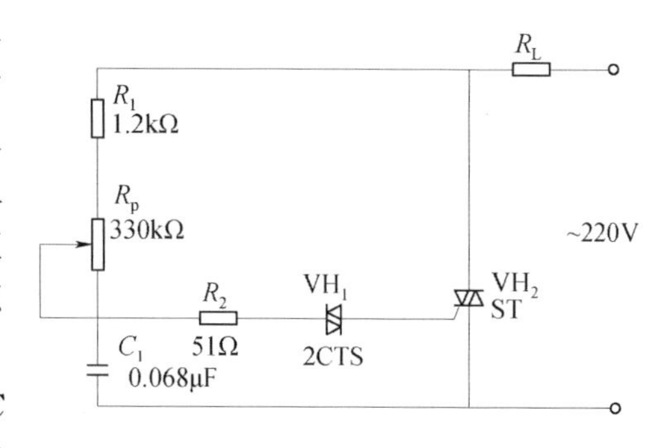


图 9-9　交流调压电路

（2）当电源电压为上负下正时，电容 C 反向充电，电压极性为上负下正，当该电压增高到 $VH_1$ 管的导通电压时，$VH_1$ 管突然反向导通，使晶闸管得到一个反向触发信号而导通。

（3）电位器 $R_p$ 用来调节交流输出电压。当调大 $R_p$ 时，C 充电电流减小，C 充电到使双向二极管时间也就长，交流输出电压变小。反之，调小 $R_p$ 阻值，交流输出电压变大。

## 二、特殊晶闸管及其应用

### 1. 可关断晶闸管

（1）前因：一般的晶闸管导通后，控制极就失去作用，要使晶闸管截止，必须将阳极电压降低到足够小，使管子阻断。

（2）特点：可关断晶闸管是利用正脉冲加入控制极使之导通，用负脉冲加入控制极使之截止，这样更便于实现小信号对晶闸管的导通与截止两种状态的控制。

（3）应用：常用于高压直流开关、高压脉冲发生器及过流保护电路等装置上。

### 2. 快速晶闸管

（1）前因：普通晶闸管的导通和关断需要一定的时间，这就限制了普通晶闸管在开关频繁、电压电流变化快的场合下使用，这种情况下可使用快速晶闸管。

（2）特点：采用特殊制造工艺，使其导通时间减小到 8μs 以下，甚至达到 1～2μs，关断时间也减少到几微秒。

（3）应用：广泛应用在中频逆变器和直流斩波器中。

### 3. 光控晶闸管

（1）特点：用光信号触发导通的晶闸管。

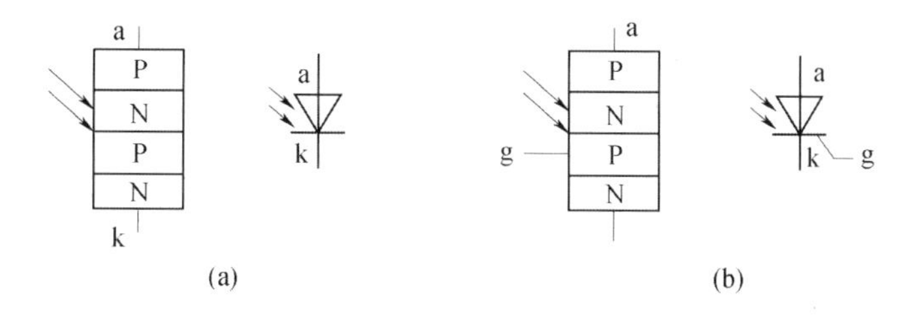


图 9-10　无控制极的光控晶闸管

（2）类型及原理：

1）无控制极的光控晶闸管。如图 9-10（a）所示，它具有三个 PN 结，从最外层的

P 区引出阳极 a，N 区引出阴极 k，没有控制极。用光照射时，光控晶闸管的中间半导体层激发产生大量的载流子，相当于产生了控制极电流，器件就由阻断状态转为导通状态。此时去掉光信号，器件仍然维持导通，与普通晶闸管类似，必须去掉阳极下电压才能使它关断。

2）既可以使用光信号激发导通，也可以通过控制极加触发电压使其导通。其结构和电路图形符号如图 9－10（b）所示。该光控晶闸管也是四层半导体，有阳极 a、阴极 k 和控制极 g。

3）应用：利用光控晶闸管可以方便地制成光控自动路灯、光控电子开关等电子产品。

# 参 考 文 献

[1] 陈振源. 电子技术基础 [M]. 2版. 北京：高等教育出版社，2001.
[2] 陈雅萍. 电子技能与实训——项目式教学（基础版）[M]. 北京：高等教育出版社，2007.
[3] 柯节成. 简明电子元器件手册 [M]. 北京：高等教育出版社，1991.
[4] 赵军. 模拟电子技术基础 [M]. 北京：化学工业出版社，2009.
[5] 孙义芳，庄慕华. 电子技术基础实验指导书 [M]. 北京：高等教育出版社，1992.
[6] 蔡杏山. 零起步轻松学电子测量仪器 [M]. 北京：人民邮电出版社，2010.
[7] 郁汉琪，施伟. 模拟电子电路实验及应用 [M]. 南京：东南大学出版社，1995.
[8] 杨欣，王玉凤，刘湘黔. 电子设计从零开始 [M]. 北京：清华大学出版社，2005.
[9] 胡斌. 图表细说电子元器件 [M]. 北京：电子工业出版社，2010.
[10] 韩雪涛. 图解电子元器件检测快速入门 [M]. 北京：人民邮电出版社，2009.
[11] 刘宁. 创意电子设计与制作 [M]. 北京：北京航空航天大学出版社，2010.